図解 即 戦力

オールカラーの豊富な図解とい！

JN000660

電力・ガス業界の

しくみとビジネスが

しっかりわかる

これ
1冊で

教科書

江田健二　出馬弘昭　柏崎和久
Kenji Eda　Hiroaki Izuma　Kazuhisa Kashiwazaki

技術評論社

ご注意：ご購入・ご利用の前に必ずお読みください

はじめに

　私たちの日常生活に欠かせない電力とガス。これらのエネルギー源は、単に家庭や企業に電気や熱を供給するだけではなく、社会の根幹を支え、経済発展の原動力となっています。本書では、この重要な産業の発展の歴史から最新の動向に至るまでを詳しく、かつ平易な言葉で解説しています。加えて、本書では電力・ガス産業の社会的な役割と責任についても深く掘り下げています。環境保護や持続可能な発展に向けた業界の取り組み、エネルギー安全保障の重要性、日々の業務内容や役割についても詳細に解説しています。これらの側面は、産業の将来像を想像するうえで大切な要素であり、読者の皆様に新たな視点を提供することでしょう。

　電力・ガス産業は、長い歴史のなかで多くの変遷を経験してきました。本書では、産業の幕開けから現代に至るまでの重要な出来事をピックアップし、それぞれの時代が業界にどのような影響を与えたかを考察します。また、最新技術の紹介にも力を入れており、再生可能エネルギーの導入や蓄電池、電気自動車（EV）、スマートグリッドなど、今後の業界の発展に欠かせないトピックを取り上げています。

　この書籍は、これから業界に参加する方々にとって、必要な基礎知識と理解を深めるためのガイドブックとなることでしょう。また、すでに業界で活躍されている方々にとっても、新たなビジネスのヒントや知識の整理として役立つ一冊です。業界の現状を知り、未来の展望を見据えるための重要な情報源となることを目指しています。

　特に、自由化以降の電力・ガス業界は、大きく変わりつつあります。市場の開放、消費者の選択肢の増加、新しい技術の導入といった変化は、業界に新たな可能性をもたらしています。本書は、これらの変化を理解し、業界の魅力を深く掘り下げることで、読者の皆様が電力・ガス業界の現在と未来をより深く理解する手助けとなることでしょう。業界のプロフェッショナル、関心をもつ一般読者、そして未来のエネルギー産業を担う学生の皆様にとって、この書籍が有意義な一冊となることを心から願っております。

著者を代表して、江田健二

CONTENTS

Chapter 3

電力関連のビジネスのしくみ

Chapter 4

電力会社の仕事と組織

Chapter 5
ガス業界の基礎知識

Chapter 6
ガス関連のビジネスのしくみ

Chapter 7

ガス会社の仕事と組織

Chapter 8

エネルギーの新時代

Chapter 9

未来の展望と課題

第 1 章

日本のエネルギー事情

電気とガスは、社会を支えるエネルギーの一部です。これまでは石油や石炭、天然ガスなどの資源からエネルギーを生成してきましたが、気候変動の影響を最小限に抑えるため、再生可能エネルギーの活用に取り組まれています。ここでは、エネルギー利用に関連する日本と世界の現状や動向について見ていきましょう。

Chapter1 01

化石燃料由来のエネルギーから再生可能エネルギーへのシフト

エネルギーは、社会を支える基盤であり、日常生活に欠かせないものです。しかし、従来のままのエネルギー利用は環境問題を引き起こすなど、地球規模での課題となっており、エネルギー利用の変革が求められています。

社会に必要なエネルギーとその変化

エネルギーは、日常生活に欠かせないものであり、暖房や冷房、移動手段といったあらゆる用途に使われています。その供給源には、化石燃料などに由来する資源エネルギーや、太陽光、風力、地熱などを利用する再生可能エネルギー（再エネ）があります。

私たちが使うエネルギーは、時代とともに変化してきました。かつては石炭や石油が中心でしたが、現在では電化が進み、電気が主流となっています。調理に使うコンロがガスから電気のIH（電磁誘導加熱）へ、また移動手段である自動車もガソリン車から電気自動車（EV）へ変わるなど、使うエネルギーの種類が変化してきています。

エネルギーを使う私たち一人ひとりが、エネルギー利用を見直し、社会全体の需要を満たせるように、限られたエネルギーを効率よく使うことが求められています。

持続可能な社会を実現するための変革

エネルギー利用は、必然的に環境に影響を及ぼします。地球温暖化対策を効果的に進めていくためには、エネルギー利用の見直しが欠かせません。日本政府は2050年までにカーボンニュートラルを達成するという目標を掲げており、この目標達成のためには、再エネの導入、エネルギー効率の改善、エネルギー供給の脱炭素化などといった取り組みが鍵となります。

このような取り組みは、新たなビジネスの機会を創出し、持続可能な社会を実現する一助となります。持続可能なエネルギーシステムへと移行させるためには、技術革新はもとより、社会全体における理解と協力、変革が必要とされるのです。

IH（電磁誘導加熱）
電流を流したコイルから発生した磁力線が、鍋などの調理器具に渦電流を発生させ、直接発熱させる技術。熱を直接発生させるため効率がよく省エネルギー（省エネ）につながる。

電気自動車（EV）
電気を動力源とする自動車。バッテリーに蓄えた電気でモーターを駆動させるため、走行中に二酸化炭素（CO_2）を排出しない。

カーボンニュートラル
人間の活動による温室効果ガスの排出量から、植林や森林管理による温室効果ガスの吸収量を差し引いた合計を実質ゼロにすること。

脱炭素化
温室効果ガスの排出量を実質ゼロにする取り組み。具体的には、再エネ導入や省エネ化により、温室効果ガスの排出量を減らすことを指す。

エネルギーの主な種類と用途

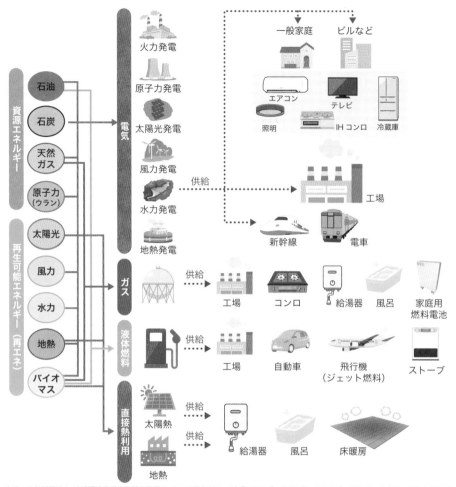

出典：公益財団法人 地球環境産業技術研究機構 システム研究グループ「エネルギーを学ぼう エネルギーのいろいろな形」をもとに作成

👉 ONE POINT

時代とともに変化してきた発電方法

発電方法としては、産業革命以降、石炭や石油などの化石燃料を使った火力発電が中心でしたが、環境問題の深刻化やエネルギー資源の枯渇を受け、より持続可能な方法への転換が求められています。近年は再エネ導入が拡大しており、特に太陽光や風力、水力などのエネルギー源が注目されています。

Chapter1 02

エネルギーミックスなどにより再エネ比率を高めることが必要

世界各国の電源構成は、地理的条件や経済的条件などによって異なります。近年は地球温暖化対策の一環として、再生可能エネルギー（再エネ）の導入が求められており、各国はその普及に力を注いでいます。

火力から再エネへの移行が求められる

地球温暖化
CO_2やメタンなどの温室効果ガスが大量に排出されることで、大気中で熱が保たれ、地球の平均気温が上昇する現象。異常気象の発生や生態系の破壊などの影響を及ぼすとされている。

天然ガス
メタンを主成分とする化石燃料の一種。石炭や石油に比べて燃焼時のCO_2排出量が少なく、環境負荷が低いため、発電や家庭用燃料として利用されている。

化石燃料
生物の死骸などが地中で長い年月をかけて変化した、石炭や石油、天然ガスなどの燃料資源のこと。

エネルギーミックス
火力、原子力、水力、地熱などによる発電について、経済性、環境性、安定性、安全性を重視して電源構成を最適化すること。

日本は、エネルギー資源が乏しいという地理的条件があるため、石炭、石油、天然ガスなどの化石燃料は海外からの輸入に依存しています。2019年の統計による日本の電源構成は、火力発電が75.8％を占め、再エネが18.0％、原子力が6.2％でした。特に火力発電の大部分は化石燃料を使うものであり、これにはCO_2排出を伴うため、火力発電を減らすことが急務となっています。現在はその目的で積極的な再エネ導入が進められていますが、太陽光や風力は日照時間や風の強さといった気象条件に左右されるため、エネルギー供給の安定性が課題とされています。

世界の再エネ比率と安定性確保のための施策

世界各国の電源構成を見ると、再エネ導入が進んでいることがわかります。2020年のデータでは、ドイツは再エネ比率が40％以上を占めており、北欧諸国では60％を超える国もあります。これらの国々は、さまざまな種類のエネルギー源を組み合わせること（エネルギーミックス）で、地球温暖化対策とエネルギー供給の安定性を両立させています。加えて再エネ導入は、新たな雇用機会の創出や地域の活性化にもつながるため、日本でもエネルギーミックスが重要となるでしょう。

ただし、日本の再エネ導入のコストは、海外に比べて高くなっています。その要因のひとつは、平野が少ないという地理的条件によるものです。太陽光発電所や風力発電所などの再エネ由来の発電所を設置できる場所が限られ、十分な発電ができません。加えて、台風や地震などの災害が多いため、施設の耐久性や安全性を高める必要もあります。

▶ 日本の電源構成と再エネ比率

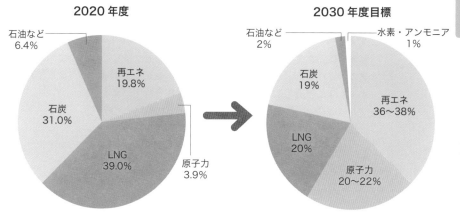

2020年度

- 石油など 6.4%
- 再エネ 19.8%
- 石炭 31.0%
- LNG 39.0%
- 原子力 3.9%

2030年度目標

- 石油など 2%
- 水素・アンモニア 1%
- 石炭 19%
- 再エネ 36～38%
- LNG 20%
- 原子力 20～22%

出典：円グラフ（左）は下図と同じ、右グラフ（右）は資源エネルギー庁「2030年度におけるエネルギー需給の見通し（関連資料）」
（令和3年10月）をもとに作成

▶ 日本と主要国の発電電力量に占める再エネ比率の比較

（発電電力量に占める割合）

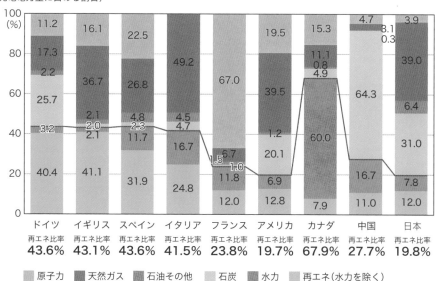

	ドイツ	イギリス	スペイン	イタリア	フランス	アメリカ	カナダ	中国	日本
再エネ（水力を除く）	11.2	16.1	22.5	49.2	67.0	19.5	15.3	4.7	3.9
水力	17.3	36.7	26.8			39.5	11.1	3.1 / 0.3	39.0
石炭	2.2	2.1 / 2.0	4.8 / 2.3	4.5 / 4.7		1.2	0.8 / 4.9	64.3	6.4
石油その他	25.7	2.1	11.7	16.7	1.5 / 6.7 / 1.0	20.1	60.0	16.7	31.0
天然ガス	3.2	41.1	31.9	24.8	11.8	6.9	7.9	11.0	7.8
原子力	40.4				12.0	12.8			12.0

ドイツ	イギリス	スペイン	イタリア	フランス	アメリカ	カナダ	中国	日本
再エネ比率 43.6%	再エネ比率 43.1%	再エネ比率 43.6%	再エネ比率 41.5%	再エネ比率 23.8%	再エネ比率 19.7%	再エネ比率 67.9%	再エネ比率 27.7%	再エネ比率 19.8%

凡例：■ 原子力　■ 天然ガス　■ 石油その他　■ 石炭　■ 水力　■ 再エネ（水力を除く）

出典：IEA「Market Report Series - Renewables 2021（各国2020年時点の発電量）」、IEAデータベース、総合エネルギー統計
（2020年度確報値）等より資源エネルギー庁作成
出所：資源エネルギー庁「日本のエネルギー 2022年度版『エネルギーの今を知る10の質問』」をもとに作成

Chapter1
03

再エネの利用率を高め
持続可能な社会の実現を目指す

日本では、さまざまなエネルギーを組み合わせて使うことで、エネルギー供給の安定性が確保されています。加えて再生可能エネルギー（再エネ）の導入により、持続可能な社会への移行も目指されています。

日本のエネルギー構成の内訳

日本で使われる主なエネルギーは、石炭や石油、天然ガス、原子力、再エネです。石炭は火力発電の主な燃料であり、液化天然ガス（LNG）も火力発電の燃料や都市ガスの原料などに使われます。また原子力発電は、電力供給の安定性が高いという特長があります。太陽光、風力、バイオマスなどの再エネ導入も進められています。

自然界から加工されない状態で供給される一次エネルギーの比率としては、石炭が25.4％、石油が36.3％、LNGが21.5％、原子力が3.2％、水力が3.6％、再エネなどが10.0％となっています（2021年度速報値）。再エネ比率を高めるためには、政府や民間企業、地域住民が協力して取り組んでいく必要があります。

日本のエネルギー利用と持続可能性

日本におけるエネルギー利用率は、分野ごとにさまざまです。特に家庭では、省エネの取り組みが進んでおり、エネルギー効率の高い電化製品の普及や住宅の断熱改修などが推進され、節約意識が高まっています。2021年の家庭におけるエネルギー消費量は、2013年と比べ、約12.8％減少しました。また自動車産業では、電気自動車（EV）や燃料電池自動車（FCV）が普及し始めています。EVはガソリン車に比べ、運転時のCO_2排出が少なく、同じエネルギー消費で移動できる距離が長いという特徴があります。FCVは燃料電池を搭載し、水素と酸素の化学反応によって走行します。走行時にCO_2を排出しないことから、環境に優しい自動車として注目されています。こうした取り組みにより、再エネ比率を高めることで、低炭素社会への移行が促進されています。

液化天然ガス（LNG）
天然ガスを冷却して液体にしたもの。LNGはLiquefied Natural Gasの略。エネルギーとして幅広く使われ、燃焼時のCO_2排出が比較的少ない。

都市ガス
主に天然ガスを原料としたガス導管（パイプライン）で供給されるガス。給湯、調理、暖房・冷房などの燃料として使われている。

メタン
炭素原子と水素原子が結合してできた炭化水素化合物の一種。主に天然ガスや生物由来の排出源などから生じ、CO_2とともに地球温暖化の影響が大きい温室効果ガスである。

▶ 日本の一次エネルギーの供給実績

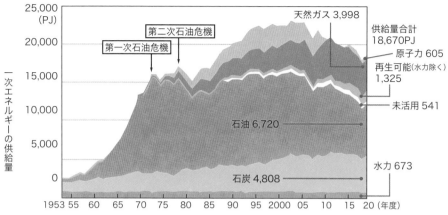

（注）1PJ（＝10^{15}J）は原油約 25,800kL の熱量に相当（PJ：ペタジュール）
出典：資源エネルギー庁「総合エネルギー統計」より作成
出所：一般社団法人 日本原子力文化財団（JAERO）「【1-2-03】日本の一次エネルギー供給実績」をもとに作成

▶ 家庭におけるエネルギー利用の推移

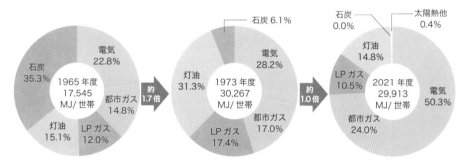

（注 1）「総合エネルギー統計」は、1990 年度以降、数値の算出方法が変更されている
（注 2）構成比は端数処理（四捨五入）の関係で合計が 100％とならないことがある
出典：日本エネルギー経済研究所「エネルギー・経済統計要覧」、資源エネルギー庁「総合エネルギー統計」、総務省「住民基本台帳に
　　　基づく人口、人口動態及び世帯数」をもとに作成
出所：資源エネルギー庁「令和 4 年度 エネルギーに関する年次報告 第 211 回国会（常会）提出」をもとに作成

🏷 ONE POINT

化石燃料の効率的・持続的利用

化石燃料は発電などに幅広く利用されていますが、化石燃料の燃焼によるCO_2排出は環境への負荷を高めます。また、都市ガスの利用も、メタンガスが漏れると温室効果を高めるため、適切な管理が求められています。化石燃料は限りある資源であるため、その開発と利用は、効率的かつ持続的に行うことが求められています。

安全保障やリスク分散のための エネルギー多様化と自給率向上

日本のエネルギー自給率は低く、海外からの輸入に頼っています。エネルギー安全保障やリスク分散のためにも、エネルギーの多様化と自給率の向上を図り、持続可能なエネルギーを確保することが重要です。

一次エネルギー
石油、石炭、原子力、天然ガスなど、加工されない状態で供給されるエネルギー。

エネルギー安全保障
生活や産業に必要なエネルギーを、安定的かつ合理的な価格で確保すること。

地熱
地中内部で温められた熱のこと。この熱のエネルギーを発電や暖房、施設園芸などに利用する。

バイオマス
生物資源（bio）の量（mass）を表す概念。化石資源を除く、生物由来の有機性資源を指す。これらを燃料として熱や電気を生み出すために使われる。

ウクライナ情勢
2022年2月24日、ロシアによるウクライナへの侵攻以降、世界各国がロシアへのエネルギー資源の禁輸措置などをとったことから、エネルギー市場が国際的に不安定化している。

日本のエネルギー自給率の現状と課題

エネルギー自給率とは、必要な一次エネルギーのうち、国内で確保できる比率のことを指します。日本の自給率は低く、現状で約1割程度にとどまります。自給率が低い主な要因は、国内のエネルギー資源が乏しいことと、化石燃料への依存度が高いことなどです。たとえば、石炭や石油などは9割以上を海外から輸入しており、原油は中東諸国やロシアなどに依存している状況です。そのため、エネルギー安全保障やリスク分散の観点からも、エネルギーの多様化と自給率の向上が求められており、国内でのエネルギー生産や再生可能エネルギー（再エネ）の普及が積極的に進められています。日本政府は、2030年度までに再エネ比率を36〜38％にすることを目標に掲げています。

エネルギーの多様化と自給率の向上

再エネ普及では、地熱やバイオマスなども注目されています。地熱は、火山国である日本に適した再エネですが、発電所の建設に地質調査や環境影響評価などの手続きが必要となり、普及に時間がかかります。バイオマスでは、日本は森林資源が豊富で、食品ロスや家畜の排せつ物処理などの問題も抱えていることから、バイオマス発電の普及が期待されています。

同時に、省エネ技術や、エネルギー効率を向上させる技術も研究が進んでいます。具体的には、モーターやコンプレッサーなどのエネルギー変換効率の向上、省エネ型ランプや照明制御システムの導入、断熱性能の向上による熱損失の削減などです。エネルギー利用の無駄をなくすこと、エネルギーを多様化することで、エネルギー需要に対応することが見込まれています。

▶ 主要国の一次エネルギー自給率の比較 (2019年)

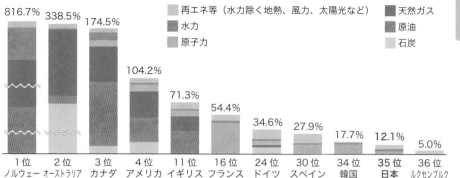

出典：IEA「World Energy Balances 2020」の2019年推計値、日本のみ資源エネルギー庁「総合エネルギー統計」の2019年度確報値（項目の順位はOECD36か国中の順位）
出所：資源エネルギー庁「2021 —日本が抱えているエネルギー問題（前編）」(2022-08-12) をもとに作成

▶ 日本の化石燃料の主な輸入先 (2021年速報値)

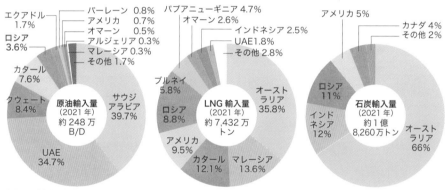

出典：財務相貿易統計
出所：資源エネルギー庁「2021 —日本が抱えているエネルギー問題（前編）」(2022-08-12) をもとに作成

✎ ONE POINT
日本のエネルギー自給率とウクライナ情勢

ウクライナ情勢は、日本の一次エネルギーの確保に大きく影響しています。図のように、ロシアは日本にとって化石燃料の供給国として重要であり、エネルギー安全保障にとって不可欠です。しかし、ウクライナ情勢によりロシアからの輸入は激減し、石炭は875万トン（55.2%減）、原油および粗油は107万キロリットル（80.5%減）と大幅に減少しました（2022年度）。こうした面から見ても、エネルギー供給の安定性を確保し、自給率の向上を図っていく必要があるのです。

Chapter1 05

ガスや水力、石炭、石油を経て エネルギーの多様化と省力化へ

日本は明治時代から現代まで、石炭、石油、原子力へとエネルギーの転換を経て、再生可能エネルギー（再エネ）活用による低炭素社会の実現を目指しています。エネルギー多様化と持続可能性への取り組みが進められています。

明治時代から戦後経済復興期までの変遷

明治時代には、ガスや水力が主要なエネルギーとして使われ、ガスは照明や熱などとして、水力は工業用の動力などとして利用されました。その後、近代化・工業化とともに石炭が使われ始めます。大正時代には、電気が急速に普及し、火力や水力の発電設備が整えられ、電力供給量が増大しました。昭和初期から石炭に加え、石油が広く使われるようになります。第二次世界大戦後の復興期には石炭が再び重要視され、経済再建のために石炭産業が盛んになりましたが、1960年以降は不況に陥り、石油が主役になりました。石油は石炭やガスに比べて、安価で利便性が高く、重化学工業や自動車産業の発展で、さらに需要が拡大しました。原子力発電の誕生やLPガスの普及が起こったのもこの時期です。

オイルショックから変わったエネルギー政策

1973年のオイルショックを機に、エネルギーの安定供給と、石油依存からの脱却が求められるようになりました。その結果、1980年代には火力発電の比率が減少し、原子力発電の比率が高まりました。この時期から、エネルギー政策は多様化と省エネ化に向かうようになります。1980年代には原子力発電所の建設が本格化し、日本は原子力を重要なエネルギー源と位置付けるようになりました。しかし、2011年の東日本大震災による福島第一原子力発電所事故を受け、原子力発電所の再稼働が遅れ、その比率は低くなっています。一方、再エネへの関心も高まり、太陽光発電や風力発電の導入が進みます。2000年代以降は温室効果ガスの排出削減のため、天然ガスの利用が増えました。また再エネの普及が加速し、太陽光発電などの導入量が大幅に増加しました。

原子力発電
核分裂の際に発生する熱を利用して電気を生み出す発電方法。日本では東日本大震災における東京電力福島第一原子力発電所事故以降、原子力発電所稼働に対するさまざまな議論がなされている。

LPガス
液化石油ガス（Liquefied Petroleum Gas）の略で、プロパンやブタンなどで構成された可燃性のガス。家庭や産業で暖房や調理、給湯などに使われる。

オイルショック
1973年と1979年に発生した石油価格の急騰と供給制限による経済危機。中東の石油産出国が生産量削減や輸出停止を行ったことで、世界的なエネルギー危機を引き起こした。

▶ 石炭生産量の推移

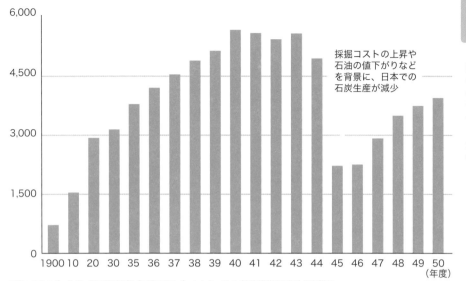

採掘コストの上昇や石油の値下がりなどを背景に、日本での石炭生産が減少

出典：エネルギー生産・需給統計年報／石炭エネルギーセンター調べ／北海道管内石炭生産実績表
出所：資源エネルギー庁「【日本のエネルギー、150 年の歴史③】エネルギー革命の時代。主役は石炭から石油へ交代し、原子力発電やLP ガスも」（2018-05-24）をもとに作成

▶ 日本の一次エネルギーの国内供給の推移

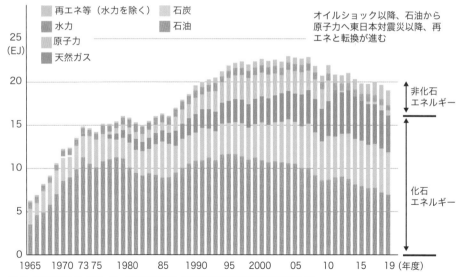

オイルショック以降、石油から原子力へ東日本対震災以降、再エネと転換が進む

（注1）「総合エネルギー統計」は、1990 年度以降、数値について算出方法が変更されている
（注2）「再生可能エネルギー等（水力除く）」とは、太陽光、風力、バイオマス、地熱などのこと
出典：経済産業省「総合エネルギー統計」をもとに作成
出所：資源エネルギー庁「エネルギー白書2021」をもとに作成

Chapter1
06

自由化と規制緩和により価格やサービスが向上

電力・ガスの小売全面自由化と規制緩和により、企業間の競争が活発化し、消費者は購入先を自由に選べるようになりました。新たな料金プランやサービスなども開発され、エネルギー市場の変革が進んでいます。

電力・ガスの小売全面自由化
地域の電力会社やガス会社との契約のみに制限されていた規制が緩和され、利用者が自由に購入先の電力会社やガス会社を選べるようにした法改正や制度改革のこと。

新電力
電力の自由化に伴い、新しく参入した小売電気事業者（電力会社）のこと。従来の大手電力会社とは異なる料金プランやサービスを提供し、エネルギー市場の多様化と競争促進に寄与している。

料金プラン
従量制や時間帯別制、固定制など、消費者のニーズに合わせた柔軟な料金設定が可能になった。

需要家
電気を消費する個人や企業などの最終ユーザーを指す。電力会社のサービスや製品の受け手のこと。

電力の自由化と規制緩和

日本では電力の自由化により、電力会社間の競争を活発化させ、価格やサービスの向上を図り、消費者によりよい電力供給環境を提供することが目指されました。まず1995年の電気事業法改正で卸売電気事業が自由化され、小売電気事業も順次自由化が進められて、2016年に小売全面自由化が実現したのです。

自由化後、新たな電力会社（新電力）が市場に参入し、料金プランの開発や再生可能エネルギー（再エネ）の導入などを進めています。これにより、消費者は購入先の電力会社を選べるようになり、価格競争の恩恵も受けられるようになりました。

また、電力の自由化に伴い、サービスの拡充も進んでいます。たとえば消費者は、24時間対応のコールセンターやWebサイトで電気に関連する手続きを行うことができます。また、省エネ対策やクリーン電力供給に注力する電力会社も増えています。

ガスの自由化と規制緩和

ガスの自由化は1995年のガス事業法改正から始まり、2017年に小売全面自由化が実現しました。電力と同様、ガス会社間の競争が活発化し、価格やサービスの向上をもたらしています。

新たなガス会社の参入により、需要家の多様なニーズに応える製品やサービスも開発されています。たとえば、スマートフォンでガスの使用量を確認するサービスや、ガスの使用量に応じてポイントがたまるサービスなどが提供されています。

そのほか、ガス供給においても、省エネ性能の向上や再エネの活用などが図られています。これにより、消費者は自分の環境や価値観に合ったガス供給の手段を選べるようになりました。

▶ 電力会社を自由に選べる電力自由化

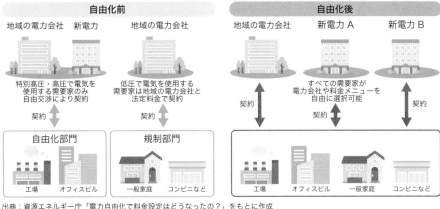

出典：資源エネルギー庁「電力自由化で料金設定はどうなったの？」をもとに作成

▶ 電力とガスの全面自由化の流れ

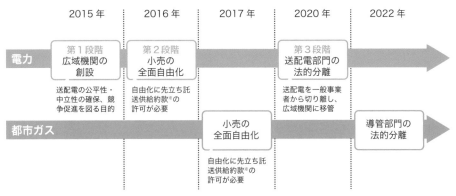

※託送供給約款：小売電気事業者が送配電設備を利用する際の料金などの条件を定めたもの
出典：ガスシステム改革小委員会資料より作成
出所：新電力ネット（一般社団法人 エネルギー情報センター）「都市ガス小売の全面自由化について」をもとに作成

✎ ONE POINT

市場変化に対応するためのリスク管理の重要性

コロナ禍とウクライナ情勢は、電力・ガスの自由化に大きな影響を与えています。コロナ禍には、経済活動の停滞などにより、電力・ガスの需要が減少し、価格が下落しました。一方でウクライナ情勢では、原油や天然ガスの価格高騰など、市場の不安定化をもたらしました。政府や関係機関は、安定的なエネルギー供給と適正価格の維持に向け、エネルギー政策の見直しを迫られました。今後はリスクの管理と予測の強化が需要視され、市場変動に柔軟に対応する体制が求められます。

Chapter1 07
温室効果ガスの排出削減に向け
化石燃料から再エネへシフト

気候変動対策を進めるため、再生可能エネルギー（再エネ）へのエネルギー源の転換が求められています。政府や企業などの取り組みと、国際的な枠組みにより、温室効果ガスを排出しないシステムの構築が目指されています。

気候変動対策としての温室効果ガスの削減

20世紀後半以降、地球温暖化や気候変動が世界的に深刻な問題として認識され、その原因や影響について、国際連合や研究機関などが科学的なデータをもとに分析を進めてきました。IPCC (Intergovernmental Panel on Climate Change) の報告書によれば、過去数十年にわたる大気中の温室効果ガスの増加が地球温暖化の主な原因であり、それに伴って極端な気候現象や海面上昇、生態系の変化などの問題が生じているとされています。

温室効果ガスの多くは、人間の経済・社会活動から排出されており、気候変動問題に関する国際的な枠組みであるパリ協定によって温室効果ガス削減に関する目標が定められました。持続可能な社会を築くためには、再エネの普及や省エネの推進など、積極的なエネルギー対策が求められています。

温室効果ガスの排出削減に向けた取り組み

気候変動対策が喫緊の課題となるなか、世界各国ではエネルギー源の転換が進み、各企業では再エネ導入の拡大や、エネルギー効率の向上などが進められています。

たとえば、米エネルギー大手のエクソンモービルは、2050年までに温室効果ガス排出量を実質ゼロにすることを目指し、再エネ事業の拡大や、電気自動車（EV）向け充電インフラの整備に注力しています。ほかにも、エネルギー効率を向上させる風力発電機やガスタービンの開発に取り組む企業、脱炭素化を促進する省エネ機器や蓄電池を製造する企業、電力融通の技術を開発する企業などがあります。

IPCC
(Intergovernmental Panel on Climate Change)
気候変動に関する科学的な評価を行う国際組織。気候変動の原因や影響についての科学的知見をまとめ、国際社会に提供している。

温室効果ガス
大気を構成する成分のうち、温室効果をもたらすもの。主なものにCO_2（二酸化炭素）やメタンなどがある。

パリ協定
2015年に採択された気候変動問題の国際的な枠組み。世界の平均気温上昇を、産業革命以前に比べて2℃より低く保ち、1.5℃に抑える努力をすることを目標としている。

▶ 燃料種別のエネルギー起源CO_2※排出量の推移

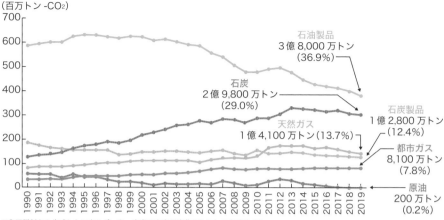

（百万トン-CO_2）

石油製品
3億8,000万トン
（36.9%）

石炭
2億9,800万トン
（29.0%）

天然ガス
1億4,100万トン（13.7%）

石炭製品
1億2,800万トン
（12.4%）

都市ガス
8,100万トン
（7.8%）

原油
200万トン
（0.2%）

※化石燃料から生成したエネルギーを、産業や家庭が消費することで生じるCO_2
出典：温室効果ガスインベントリをもとに作成
出所：環境省「2.2エネルギー起源CO_2排出量全体（000098690.pdf）」をもとに作成

▶ 日本の温室効果ガスの排出量（2019年度）

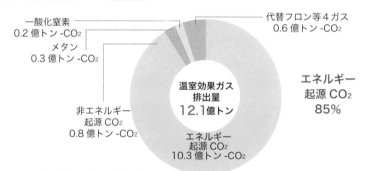

一酸化窒素
0.2億トン-CO_2

代替フロン等4ガス
0.6億トン-CO_2

メタン
0.3億トン-CO_2

非エネルギー
起源CO_2
0.8億トン-CO_2

温室効果ガス
排出量
12.1億トン

エネルギー
起源CO_2
85%

エネルギー
起源CO_2
10.3億トン-CO_2

※CO_2以外の温室効果ガスはCO_2換算した数値
出典：GIO「日本の温室効果ガス排出量データ」より作成
出所：資源エネルギー庁「日本のエネルギー2021年度版『エネルギーの今を知る10の質問』」をもとに作成

 ONE POINT

日本の温室効果ガスの排出源

日本の温室効果ガス排出の多くは、エネルギー利用によるものです。日本は火力発電が多く、石炭や天然ガスの燃焼でCO_2が大量に排出されます。これは、原子力発電が一時的に停止し、その代替として火力発電が増えたことも影響しています。また、産業部門や交通部門でのエネルギー利用も排出源となります。今後、再エネ導入や省エネ推進などによる持続可能なエネルギーへの転換、原子力発電所の再稼働や技術改善などにより、温室効果ガスの排出削減が進むことが期待されています。

Chapter1 08

環境保護と安定供給に優れた再エネ利用

再生可能エネルギー（再エネ）は、地球温暖化の抑制、環境負荷の低減、資源の節約などに貢献し、持続可能な社会の実現に向け、活用が推進されるエネルギー源です。技術革新や普及拡大に向けた取り組みがなされています。

持続可能な社会
環境、社会、経済のバランスを保ちながら、現代の需要を満たし、将来の世代に必要とされる資源と環境を継承する社会のこと。

再エネ
太陽光、風力、水力、地熱など、自然界に常にあるエネルギー。枯渇せず、どこにでもあり、温室効果ガスを排出しない（増加させない）ことが重要で、エネルギー源として永続的に利用できると認められるものをいう。

再エネは持続可能な社会の実現に不可欠

再エネは、化石燃料に比べ、温室効果ガスの排出量が少ないか、ほとんどないとされ、気候変動対策に取り組むうえで重要な役割を果たします。また自然のエネルギー源を活用するため、エネルギー源の安定性を確保でき、さまざまなエネルギー源を組み合わせて利用することで、エネルギー供給のリスクを分散できます。さらに、再エネ利用は新たな産業や雇用の創出にも貢献します。たとえば、太陽光発電や風力発電が普及すると、関連する技術やサービスの需要が増え、それを開発・提供する企業や人材が必要になります。そのため、政府、企業、個人が連携して取り組み、再エネ利用を一層進展させることが期待されています。

再エネ発電の主な事例

太陽光発電：光が当たると電気を発生させる太陽光パネルを利用して発電する方式。日本では、住宅や商業施設の屋根などに太陽光パネルを設置する取り組みが広がっている。

風力発電：風の力で風車を回し、その回転エネルギーで発電する方式。海岸や山岳地帯などの風の強い場所で利用されている。

水力発電：高所から水を落とし、その位置エネルギーで水車を回して発電する方式。河川やダムなどに水をためて行われる。

地熱発電：地中内部にある水蒸気の熱エネルギーでタービンを回して発電する方式。特に火山活動の活発な地域に適しており、日本の地熱資源量は世界第3位だが、発電設備容量は少ない。

バイオマス発電：動植物から生成された生物資源を燃焼した熱エネルギーで発電する方式。たとえば、木材や農作物の残渣を活用することで、再生可能なエネルギーを得られる。

▶ 風力発電のしくみ

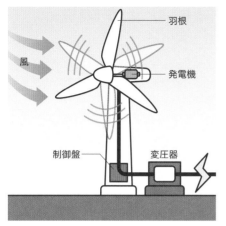

出典：北海道電力「エネルギー・発電設備風力発電」をもとに作成

▶ 水力発電のしくみ

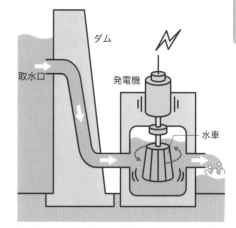

出典：四国電力「電気の子ヨンのくらしと電気、大たんけん！」をもとに作成

▶ バイオマスのしくみ

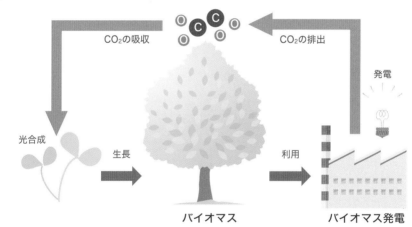

出典：環境展望台（国立研究開発法人　国立環境研究所）「環境技術解説　バイオマス発電」をもとに作成

Chapter1 09

国際情勢や経済動向が生み出す エネルギー需給の変化

地政学的な要素や貿易摩擦、環境政策、パンデミックのような予期できない
出来事まで、すべてが電力・ガス業界に影響を及ぼします。これらの要素は
エネルギー供給だけではなく、日常生活やビジネスにも反映されます。

国際情勢と連動するエネルギー供給

エネルギー供給は国際情勢の影響を大きく受けます。それは、
オイルショック（P.20参照）やリーマンショックといった歴史
的な出来事からも理解できます。

1970年代のオイルショックは、中東地域の政治的混乱が原油
価格に影響を及ぼし、国際経済全体を揺るがせました。また、
2008年のリーマンショックに端を発する金融危機により、エネ
ルギー需要は落ち込み、原油価格も大きく下落しました。国際情
勢がエネルギー供給や、それを担う電力・ガス業界に大きく影響
を及ぼした代表例といえるでしょう。

さらに、国際エネルギー機関（IEA）の報告では、中東地域の
政治的緊張が高まった2019年、原油価格は10％以上も急騰しま
した。これらの地政学的な要素は、未来のエネルギー供給におけ
る予測と対策にも重要になるでしょう。

エネルギー供給への影響とビジネスへの波及

国際情勢が及ぼす影響のひとつは、価格高騰によりコストが増
大することです。特に製造や輸送など、エネルギーコストが大き
な比重を占める業界では、それが直接的なコスト増につながり、
最終的には商品価格や生活に反映されます。

一方、再生可能エネルギー（再エネ）へのシフトは新たなビジ
ネスチャンスを生み出しています。このトレンドは産業界全体に
波及し、2021年には再エネ関連雇用が世界で1,270万人に達し、
エネルギー貯蔵や電気小売といった新たなビジネスモデルも登場
しています。これらはエネルギー供給の変化が新たな価値と可能
性を生み出すことを示しています。

リーマンショック
2008年、米投資銀
行であるリーマン・
ブラザーズの経営破
綻で引き起こされた
世界的な金融危機。

**中東地域の政治的
緊張**
宗教、民族、地域の
対立、資源の管理な
ど、複数の要因によ
り引き起こされてい
る。しばしば軍事衝
突に発展し、エネル
ギー市場を含む世界
経済全体に大きな影
響を与えている。

エネルギー貯蔵
電気や熱などのエネ
ルギーを一時的に貯
蔵し、必要なときに
利用する技術。再エ
ネ普及とともに重要
性が増しており、バ
ッテリー、水力、熱
の蓄積など、さまざ
まな方法がある。

電気小売
電力会社が消費者に
電気を販売すること。
2016年4月から電
気小売事業は自由化
され、消費者は購入
先の電力会社を自由
に選択できるように
なった。

▶ 原油価格の推移と現在の状況

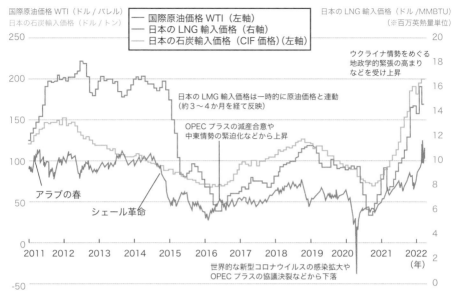

国際原油価格 WTI（ドル / バレル）
日本の石炭輸入価格（ドル / トン）

日本の LNG 輸入価格（ドル /MMBTU）
（※百万英熱量単位）

凡例：
- 国際原油価格 WTI（左軸）
- 日本の LNG 輸入価格（右軸）
- 日本の石炭輸入価格（CIF 価格）（左軸）

図中の注釈：
- ウクライナ情勢をめぐる地政学的緊張の高まりなどを受け上昇
- 日本の LMG 輸入価格は一時的に原油価格と連動（約3〜4か月を経て反映）
- OPEC プラスの減産合意や中東情勢の緊迫化などから上昇
- アラブの春
- シェール革命
- 世界的な新型コロナウイルスの感染拡大や OPEC プラスの協議決裂などから下落

出典：CME 日経、財務省貿易統計をもとに作成
出所：資源エネルギー庁「日本のエネルギー 2022 年度版『エネルギーの今を知る 10 の質問』」をもとに作成

▶ 再エネによる世界の雇用創出の推移（2012〜21年）

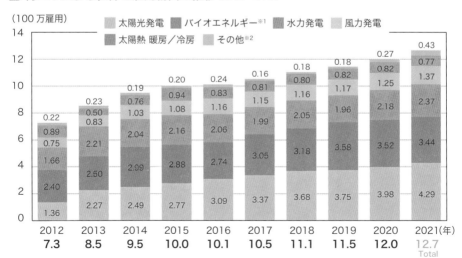

（100 万雇用）

凡例：太陽光発電　バイオエネルギー※1　水力発電　風力発電　太陽熱 暖房／冷房　その他※2

年	太陽光発電	太陽熱 暖房／冷房	バイオエネルギー	水力発電	風力発電	その他	Total
2012	1.36	2.40	1.66	0.75	0.89	0.22	7.3
2013	2.27	2.50	2.21	0.83	0.50	0.23	8.5
2014	2.49	2.99	2.04	1.03	0.76	0.19	9.5
2015	2.77	2.88	2.16	1.08	0.94	0.20	10.0
2016	3.09	2.74	2.06	1.16	0.83	0.24	10.1
2017	3.37	3.05	1.99	1.15	0.81	0.16	10.5
2018	3.68	3.18	2.05	1.16	0.80	0.18	11.1
2019	3.75	3.58	1.96	1.17	0.82	0.18	11.5
2020	3.98	3.52	2.18	1.25	0.82	0.27	12.0
2021	4.29	3.44	2.37	1.37	0.77	0.43	12.7

※1 バイオ燃料、固体バイオマス、バイオガスを含む
※2 地熱エネルギー、集光型太陽光発電、ヒートポンプ（地上式）、都市廃棄物および産業廃棄物、海洋エネルギーが含まれる
出典：IRENA「Renewable Energy and Jobs, Annual Review 2022」をもとに作成

Chapter1
10

エネルギー業界でも重要視される SDGsとESG投資

現代社会においては、経済成長と環境保護の両立が求められています。これに対応するため、持続可能な社会の実現に向けた新たな方針を示すSDGs（持続可能な開発目標）やESG投資に注目が集まっています。

日本のSDGsの取り組み

SDGs
持続可能な開発目標。2015年に国連サミットで採択された17のゴールと169のターゲット。貧困、飢餓、不平等、気候変動などの世界全体にわたる課題を2030年までに解決することを目指している。

SDGsは国連サミットで採択された、2030年までに持続可能でよりよい世界を目指す国際目標です。日本でもSDGs達成に向けた取り組みが進められており、2021年の環境省の報告では、日本の上場企業の多くがSDGsを事業戦略に取り入れているとされています。SDGsの17目標には、目標7「エネルギーをみんなに そしてクリーンに」、目標13「気候変動に具体的な対策を」など、エネルギー業界が深く関与する項目も含まれます。

カーボンニュートラル
→P.12参照。

日本政府は2020年10月、2050年カーボンニュートラル、すなわち2050年までに温室効果ガス排出量を実質ゼロにするという脱炭素宣言を行いました。この宣言は、気候変動という地球規模の課題に対する日本の姿勢として国内外から注目されています。2020年12月には「2050年カーボンニュートラルに伴うグリーン成長戦略」を策定しました。この戦略は、カーボンニュートラル実現に向けた日本政府の取り組みを示すものであり、14の重要分野において、具体的な目標と政策を掲げています。

ESG投資の増加と業界の動向

ESG投資
環境、社会、企業統治（ガバナンス）の観点から企業を評価し、その結果を投資判断に反映する投資方法のこと。国連が2006年に責任投資原則（PRI）により、ESGの観点を投資分析や意思決定のプロセスに組み込むことを推奨したことから始まった。

ESG投資とは、環境（Environment）、社会（Social）、企業統治（Governance）の3つの観点から企業の持続可能性を評価し、投資判断を行う考え方です。2020年のデータによると、ESG投資は世界全体で35兆ドルを超えており、投資家の間で急速に広がっています。日本国内のESG投資残高は、2022年3月時点で493兆円に達しました。これに伴い、電力・ガス業界でも環境負荷の低い発電方式へのシフトや、企業の社会貢献活動などが、投資家から評価されるようになっています。

▶ エネルギー業界に関連するSDGsの主な目標

電力やガスなどの
エネルギー業界が
深く関与する必要
がある目標も多い

※本書の内容は国連によって承認されたものではなく、国連またはその職員や加盟国の見解を反映するものではありません。
出典：国際連合広報センター（https://www.un.org/sustainabledevelopment/）

▶ 機関投資家がエンゲージメント活動において重視するテーマ

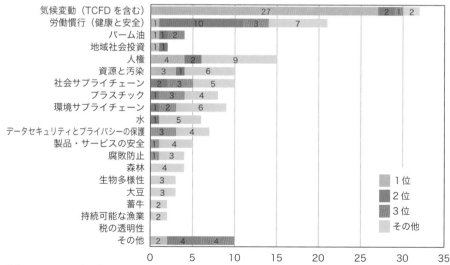

出典：QUICK ESG研究所「ESG投資実態調査2020」経済産業省作成
出所：資源エネルギー庁「令和2年度エネルギーに関する年次報告（エネルギー白書2021）」をもとに作成

変化に対応するための6つのD

5つのD

　日本のエネルギー業界が直面している変化には、「5つのD (5D's)」があるといわれています。それは、①デジタル化（Digitalization）、②脱炭素化（De-carbonaization）、③自由化（Deregulation）、④分散化（De-centlization）、⑤人口減少（Depopulation）の5つです。

　①デジタル化では、IoTを活用した新たな事業の創出や、デジタルプラットフォームを活用した他産業との融合などが考えられます。②脱炭素化の実現には、再エネの普及や省エネの推進が不可欠です。業界内のプレーヤーだけではなく、政府や企業、消費者など、あらゆる主体が協力して取り組む必要があります。また③自由化により、消費者は電力会社を自由に選ぶことができるようになりました。自由化が進むことで、消費者の利便性が向上するとともに、業界内の競争が促進される可能性があります。そして、④分散化のなかで安定供給を確保するためには、電源・送配電網の維持や蓄電技術の進歩が欠かせません。業界内のプレーヤーは、新たな技術やビジネスモデルの開発、制度改革などに取り組む必要があります。さらに⑤人口減少により、電力やガスの需要が減少する可能性があります。これに対応するために、業界内のプレーヤーは需要の変化に対応した新たなビジネスモデルの開発、地域ごとのエネルギー需給のバランスを踏まえた事業展開などに取り組む必要があります。

6つめのD、ダイナミズム

　これらの5つのDに対応していくには、6つめとして「ダイナミズム（Dynamism）」をもった視点と行動が大切です。変化の兆候をいち早く察知し、積極的に行動する力です。エネルギーを取り巻く環境には、ここ数年でいくつかの「想定外」が起こっています。状況が常に変化していることを前提に固定観念に捉われることなく、新たな視点や手段、技術をトライアンドエラーで採用しながら物事を考えていく視点が大切と思います。

第2章

電力業界の基礎知識

電気の供給には、電気を生産する発電、電気を送り届
ける送配電、電気を販売する小売の3つの部門が必要
とされます。これまでは3つの部門が一体となった独
占企業によって供給されていましたが、自由化により
多くの事業者が参入しています。ここでは電気の基本
と電力業界の構造や市場規模について見ていきます。

Chapter2 01

電気の正体は 物質から飛び出した電子

現代社会は、電気なしでは成り立たないといっても過言ではありません。電気のおかげで、スマートフォンでアプリを使ったり食材を調理したりすることができます。電気を学ぶために「電気とは何か」を知っておきましょう。

外部エネルギーにより電子が飛び出したもの

電荷
物体が帯びている「電気の量」を表し、すべての電気現象の根本となるもの。電子は、電荷をもった微小な粒といえる。

電気について理解するためには、原子のレベルで物質をイメージする必要があります。原子は、原子核とマイナスの電荷をもつ電子から構成され、原子核は、プラスの電荷をもつ陽子と中性子から構成されます。原子内では通常、原子核と電子のバランスがとれていますが、光や熱などの外部からのエネルギーにより、電子が外に飛び出し、「自由電子」と呼ばれる状態になることがあります。このとき、自由電子は同じ場所にとどまらず、動き続けるようになります。これが「電気が流れている状態」です。ただし、あらゆる物質で電気が流れるわけではありません。物質には電気をよく通す導体と、電気を通さない絶縁体、条件によって電気を通すか通さないかが変わる半導体があります。

導体
銀、銅、アルミニウムなど、電気をよく通す物質。自由電子が多く存在し、外部エネルギーにより電子の移動が起こり、電線などに使われる。

電気の大きさを表す電流と電圧

電気を表す単位には「A（アンペア）」と「V（ボルト）」があります。Aが電流、Vが電圧の単位です。一般家庭では主に、コンセントから100Vの電圧を引き出すことができ、電流は電力会社との契約によりますが、平均30Aとされます。

絶縁体
ゴムやガラス、結晶など、電気を通さない物質。自由電子が存在せず、特に結晶は原子どうしが強い共有結合をしているため、外部エネルギーを加えても電子が軌道から外れない。

電気は目に見えませんが、水と同じように高い位置から低い位置へ流れるため、川の流れに置き換えるとイメージしやすくなります。具体的には、水の流れ（水量）が電流、水を流そうとする力（水圧）が電圧、水車や川のなかの石などが抵抗（Ω）、水車のする仕事が電力（W）、となります。また、電流と電圧、抵抗の間には「$V(V) = I(A) \times R(\Omega)$」という関係があります。電圧Vは、電流Iが大きくなるほど大きくなり、抵抗Rが大きくなるほど大きくなる（比例）性質（オームの法則）があります。

半導体
導体と絶縁体の中間の性質をもつ物質。シリコンやゲルマニウムなど。

原子の構造と自由電子の発生のイメージ

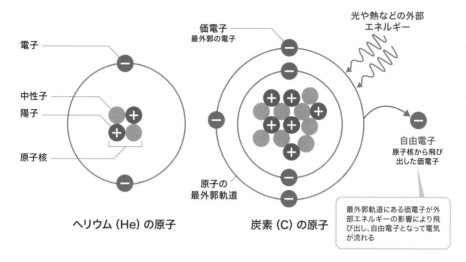

川の流れに置き換えた電気のイメージ

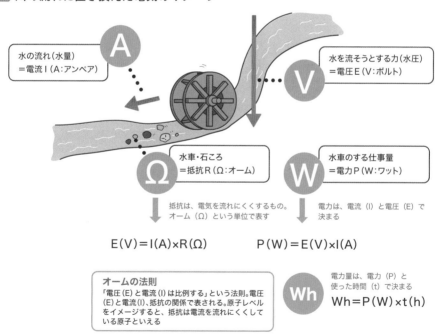

$$E(V)=I(A)×R(Ω) \qquad P(W)=E(V)×I(A)$$

オームの法則
「電圧（E）と電流（I）は比例する」という法則。電圧（E）と電流（I）、抵抗の関係で表される。原子レベルをイメージすると、抵抗は電流を流れにくくしている原子といえる

電力量は、電力（P）と使った時間（t）で決まる
$$Wh＝P(W)×t(h)$$

出典：パナソニックホールディングス株式会社「電気の基本：電圧・電流・抵抗」を参考に作成

Chapter2 02

発電はさまざまなエネルギーを電気エネルギーに変えること

発電には、化学反応により電気を生み出す「電池」や、磁石やコイルなどを使って電気を流す「発電機」などがあります。発電機のしくみは水力発電や火力発電など、さまざまな発電に利用されています。

電磁誘導を使って電気を流す発電機

電気が流れると、その周囲には磁界が発生します。仮に、電流が下向きに流れるとした場合、磁界の向きは時計回りになります。これを「右ねじの法則」といいます。この現象を逆転させ、磁界から電気を生み出すこともできます。具体的には、螺旋状に巻いたコイルに磁石を近づけたり遠ざけたりすると、コイルに電流が流れます。これは「電磁誘導」と呼ばれる現象です。

現在、実用化されている発電機には、電磁誘導の原理が応用されています。つまり発電機は、何らかの力で磁石を回転させることで、その磁石の周囲に巻かれたコイルに電流を流す装置であるといえます。「何らかの力」は、水力、火力、原子力、風力、地熱など、発電に利用されるエネルギー源によって異なりますが、基本的な発電のしくみは変わりません。

光から電気を生み出す太陽電池のしくみ

水力や火力、原子力などによる発電は、発電機を利用して電気を生成するしくみですが、物質の化学反応を応用して電気を生み出しているのが太陽光発電です。太陽光発電は、太陽電池を利用し、太陽の光エネルギーを電気エネルギーに変換する方式です。これは、特別な半導体で構成されるパネルに太陽の光が当たると、マイナスの電気を帯びた「電子」とプラスの電気を帯びた「正孔」が半導体（n型半導体とp型半導体）に集まり、電気の流れが生まれます。私たちが普段、「太陽光パネル」や「ソーラーパネル」と呼んでいるものは、この太陽電池（太陽電池セル）が集まったものを指します。

右ねじの法則
「電流」と「磁界」の向きは「ねじが進む向き」と「ねじを回す向き」で決まるという法則。ねじが進む向き（下向き）に電流を流すと、ねじを回す向き（右回り）に磁界ができる。

電磁誘導
金属線を円形状に束ねたコイルに磁石を近づけたり遠ざけたりすることで電流が流れる現象。

火力
火力発電は、燃料を燃やした熱で水を温めて蒸気に変え、その蒸気の勢いによってタービンを回し、発電機を動かす方式。

電磁誘導を使った発電機のイメージ

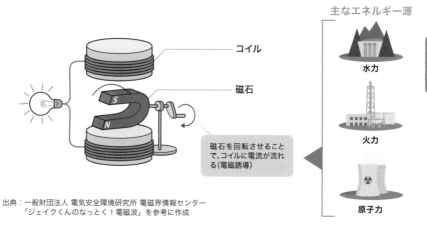

出典：一般財団法人 電気安全環境研究所 電磁界情報センター
「ジェイクくんのなっとく！電磁波」を参考に作成

コイル

磁石

磁石を回転させることで、コイルに電流が流れる（電磁誘導）

主なエネルギー源

水力

火力

原子力

太陽電池のしくみ

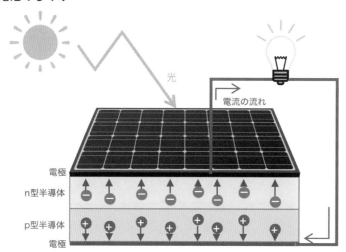

光

電流の流れ

電極

n型半導体

p型半導体

電極

✏ ONE POINT

時代によって変わる発電方式

主役となる発電方式は、時代によって変遷があります。近年は気候変動問題に対し、CO_2排出量の削減が求められるなか、発電過程でCO_2を排出しない、再生可能エネルギーを活用した風力発電などの方式が実用化されています。

Chapter2 03

電気事業の始まりと発電のエネルギー源の変遷

明治から大正にかけて、電気事業が産業として発展し、一般供給がされるようになりました。その後、世界大戦やオイルショックなどを経てエネルギー源が変遷し、近年では再生可能エネルギー（再エネ）導入が拡大しています。

銀座の電灯から始まり、茅場町で一般供給を開始

日本に電気事業が登場したのは、西洋の科学技術が取り入れられるようになった明治時代初期です。明治15（1882）年、日本で最初の電灯が銀座に設置されました。

その後の明治20（1887）年、一般供給用の石炭火力発電所が、東京・茅場町に建設され、周辺企業などに配電線による電力供給が行われるようになります。そして、電力需要の高まりに伴い、近距離で小規模の直流送電から、長距離で広範囲への送電が可能な交流送電の方式へと移行していくのです。関東では50Hzのドイツ製発電機、関西では60Hzの米国製発電機が採用された経緯から、現在でも東日本と西日本で異なる周波数となっています。

経済成長とオイルショックによるエネルギー転換

日本は第二次世界大戦後の1950年代後半から1970年代前半に急激な経済成長を遂げました。電気冷蔵庫、電気洗濯機、白黒テレビは「三種の神器」と呼ばれ、一般家庭に急速に普及しました。そして、昭和39（1964）年の東京オリンピック開催や、新幹線の開通などの国内の電力需要の高まりにより、大規模な電源開発が進められます。一方、戦後復興を牽引した石炭火力発電は1960年代以降、採掘コストの上昇や石油との競合により採掘量が減少し、エネルギーの主役は石炭から石油へと転換しました。

1970年代に入ると、2度のオイルショックが発生し、日本のエネルギー政策に大きな影響を及ぼしました。その後、石油依存を下げるために原子力や天然ガスが活用され、エネルギーの多様化が進められました。2000年代に入ると、エネルギー需要の拡大や環境問題などを背景に、原子力発電のシェアが高まりました。

直流送電／交流送電
電気を送る方式の違い。直流送電は直流で送る方式で、大容量の長距離架空送電や系統短絡電流の抑制などに使われる。交流送電は、三相交流で送る方式で、初期費用が低く、遮断が容易という特徴がある。また変圧器を使って電圧の変換もしやすい。

経済成長
1955年頃から1973年のオイルショックまでの、日本が急速な経済成長を遂げた時期を高度経済成長期と呼ぶ。この頃の日本のGDP（国内総生産）は米国に次ぐ第2位となり、日本の生活水準は大幅に上がった。

オイルショック
1973年と1978年に発生した、原油の供給ひっ迫と価格高騰により世界経済全体が見舞われた大きな混乱の総称。

▶ 電化製品の普及の推移

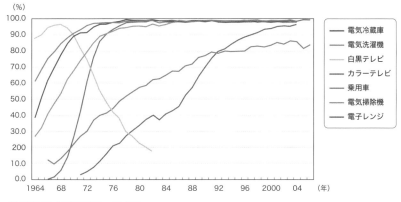

出典：内閣府「消費動向調査」より作成
出所：内閣府「第1章 第1節6 コラム3 家庭電化製品の普及と地方回帰の動向」をもとに作成

▶ 発電電力量の推移

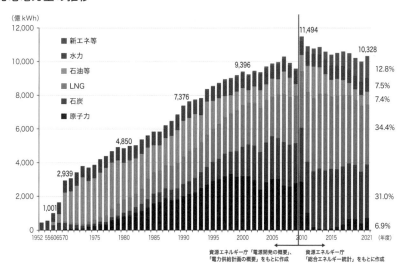

出典：資源エネルギー庁「令和4年度エネルギーに関する年次報告（エネルギー白書2023）」をもとに作成

 ONE POINT

日本の再エネ需要の高まり

日本における再エネ導入の必要性が世論として高まったきっかけは、2011年に発生した東日本大震災と、福島第一原子力発電所事故です。原子力発電所の安全神話が崩れ、大規模・集中型エネルギーシステムの脆弱性も明るみになりました。

Chapter2 04

時代とともに用途が変わり生活や産業に不可欠な電気

日本における電気の用途は、時代とともに大きく変化してきました。そして今、持続可能な供給を追求するため、再生可能エネルギー（再エネ）の導入、省エネの向上、自然との調和などが図られています。

戦後復興からオイルショックまでの用途

戦後の復興期（第二次世界大戦後～1950年代）、電気は産業の再建と生活を支えるために必要とされました。主に工場や家庭において、照明や電化製品の稼働、鉄道ほか交通機関の運行などの用途で電力が供給されました。高度経済成長期（1960～70年代）に入り、日本は急速な経済成長を遂げ、工業化の進展などで電力需要がさらに増大します。そして、電気は産業の拡大と新技術の導入に欠かせないものとなりました。また、家庭でも電化製品の普及が進み、エアコンや冷蔵庫などが一般化しました。

しかし1970年代、2度のオイルショック（P.38参照）を経て、1980年代には省エネの意識が高まります。電力需要を抑えるために節電キャンペーンが展開されると同時に、再エネ導入も試みられるようになります。

情報化時代を経て低炭素社会の実現へ

その後、インターネットの普及や情報通信技術の発展に伴い、1990年代から2000年代に情報化時代が到来します。具体的には、コンピューターや通信機器などが普及し、デジタルデータを処理するために再び大量の電気が必要になりました。

また、環境への意識も高まり、2010年以降は再エネ導入も進みます。太陽光発電や風力発電などが普及し、電力の持続可能な供給が重視されるようになりました。また、電動車の普及やエネルギー効率の向上など、自然と調和させた利用も増えていきます。

このように電気の用途は、時代の変化や需要に合わせ、大きく変わってきています。産業、生活、環境などのさまざまな側面で電気の使われ方が変わったことがわかります。

工業化
農業中心の社会から工業中心の社会へと移り変わること。18世紀半ばの産業革命に端を発し、日本の工業化は1880年代半ばから20世紀初頭にかけて始まったといわれる。

電動車
電気を動力に使う自動車のこと。HEV（ハイブリッド車）、PHEV（プラグインハイブリッド車）、BEV（電気自動車）、FCEV（燃料電池車）などの種類がある。いずれも従来のガソリン車と比べて大きく CO_2 低減を実現。

エコキュート
ヒートポンプ技術により空気の熱で湯を沸かす電気給湯機のうち、冷媒としてCO_2を使う機種。電気で湯をつくるためガス代がかからず、電気代の安い時間帯に動作するため電気代も抑えられる。

▶ 社会における電気の主な用途

家庭

身近な用途では、照明、テレビ、エアコン、冷蔵庫、洗濯機など、電化製品の稼働に利用

産業

工場や事業所などでは、機械の動力、製造ライン、電気溶接、冷却装置などに欠かせない

交通機関

電車や新幹線の運行、EVの充電など、交通機関にも必要

情報通信機器

スマートフォンの充電、パソコンの起動、データセンターの運用など、通信インフラにも必要

医療福祉機器

医療機器の動作、介護ロボットの稼働など、病院や福祉施設で使用される機器にも必要

農業・水産業

農業用ポンプ、水産養殖施設の照明や冷却など、さまざまな用途に利用

学校・公共施設

照明や冷暖房、設備の動作といった施設の運用、学校の授業やイベントなどに利用

 ONE POINT

電化率の向上によるCO_2排出量の削減

家庭から排出されるCO_2の約半分は、主に石油やガスを使う自動車、暖房、給湯からのものです。電気自動車（EV）、エアコン（暖房）、**エコキュート**（給湯）などで電気を活用すれば、CO_2排出量を削減することが可能です。

電力業界の主な柱は
発電、送配電、小売の３つ

電力業界は、発電部門、送配電部門、小売部門の３つから構成されています。
そのうち送配電部門は公益事業とされ、電気の安定供給を実現するために、
政府から規制と保護がかけられています。

発電、送配電、小売に分かれる電力業界

エネルギー業界は、大きく「石油」と「電力・ガス」に分けることができます。まず石油業界では、国内への石油の安定供給について、独立行政法人 エネルギー・金属鉱物資源機構（JOGMEC）（P.138参照）と経済産業省の外局である資源エネルギー庁がその役割を担っています。一方で、電力業界とガス業界は公益事業といわれ、送配電設備やガス導管（パイプライン）などといった社会インフラの維持・管理には、規制と保護がかけられています。そして電力業界は、発電部門、送配電部門、小売部門に分かれています。

電力業界に求められるユニバーサルサービス

公益事業の特徴のひとつに、ユニバーサルサービスが挙げられます。これは、事業者は消費者の状況にかかわらず、一定の水準で平等にサービス提供を行うというものです。日本の電力業界は、このユニバーサルサービスと引き換えに、地域独占が認められてきました。もし消費者が離島に住んでいても、電気を使う必要性が生じれば、その供給区域を担当する電力会社に供給義務が発生することになります。事実、沖縄の離島の多くは、小さな発電所を建設して電気を供給しています。ユニバーサルサービスと地域独占をセットにし、市場競争から独立させる一方、安定供給の義務を負っていたのが電力会社です。こうした事業形態は、規制緩和と自由化の流れのなかで変化してきましたが、民間の管理となった結果、ユニバーサルサービスが保証されなくなる可能性もあります。かつての日本国有鉄道がJRになり、一部の鉄道の路線を廃線としたようなことが電力業界でも起こり得るかもしれません。

公益事業
生活に不可欠なサービスやサービス財を提供する事業で、独占的性質により経済的な運営が可能となるような事業をいう。その独占性の弊害が著しく表れると公益性と矛盾するため、それが私企業である場合に規制がされる。

規制と保護
ガス導管事業に対しては、「ガス導管事業の中立性確保に関する規則」などが定められている。

地域独占
ある特定の地理的範囲において、１つの企業が市場を独占すること。

▶ 電力業界の構造

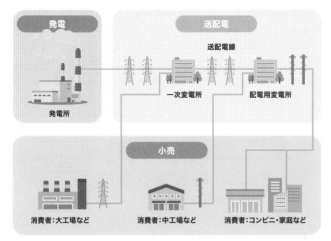

出典：資源エネルギー庁「電力供給の仕組み」をもとに作成

▶ 電力業界の各部門

部門	概要
発電部門	水力、火力、原子力、太陽光、風力、地熱などの発電所を運営して電気を生み出す部門
送配電部門	発電所から消費者まで、発電した電気を届ける送電線・配電線などの送配電網を管理する部門。また、送配電網全体で電力のバランス（周波数など）を調整し、停電防止、電力安定供給などを担う
小売部門	消費者と直接やり取りし、料金プランの設定や契約手続きなどのサービスを提供する部門。また、消費者が必要とする電気を発電事業から調達する役割も担う

> 送配電部門は、安定供給を実現するための公益事業のため、政府が許可した企業（東京電力パワーグリッドや関西電力送配電など）が担当する。そのため、どの小売事業者から電気を買っても、電気はこれまでと同じ送配電網を使って届けられ、電気の品質や信頼性（停電の可能性など）は変わらない

👉 ONE POINT

電力自由化とユニバーサルサービス

電力会社が採算のとれない区域（山間部や離島など）の送電を止めてしまわないよう、政府は電力会社や、自由化で参入する企業などに対し、「サービスを行う区域内において、人口が少ない地域でも人口の多い地域と同じ水準の電気を提供すること」を法律で義務化しています。

第2章 電力業界の基礎知識

Chapter2 06

自由化により競争が激化する電力業界

電力業界は公益事業（P.42参照）を担っており、市場はこれまで閉鎖的な状況にありましたが、電気の小売全面自由化により、さまざまな企業が参入しています。日本の電力業界の市場規模は20兆円超とされます。

自由化により料金低下やサービス向上が進む

これまで、消費者が選べる電力会社は、東京電力や関西電力など、電気事業法に定められた10社に限定されていました。電力市場は、これらの電力会社が各区域で電気の小売を行う地域独占（P.42参照）の市場であったため、サービス提供側に競争が起こらず、品質を高めるための創意工夫やイノベーションなどが生まれにくい状況にありました。

このような閉鎖的な状況は、2016年4月の電気の小売全面自由化をはじめとする改革で終わりを迎えます。自由化の影響によりサービス提供側に競争が発生し、料金の低下が進むだけではなく、サービス面でもさまざまな差別化が図られるようになりました。たとえば、電気とガスのセット割や、時間帯別の割安料金プランなどが挙げられます。

脱炭素社会への対応

電気は社会に必要不可欠なライフラインであるとともに、経済活動の基盤になる重要なインフラのひとつです。その市場規模は電力業界全体で20兆円といわれており、多くの企業や雇用を支えています。

主要なプレーヤーは、電力会社の大手10社のグループ内にある各社です。販売電力量は東京電力グループが最大で、これに関西電力と中部電力を加えた3社を「中3社」と呼んでいます。東日本大震災以降は新電力（P.22参照）が注目され、発電部門や小売部門への新規参入事業者が増えました。しかし現在、ウクライナ情勢などの影響による電気価格の高騰で、多くの新電力は運営が厳しい状況が続いています。

電気事業法
電力会社などの電気事業の適正・合理的な運営に関する規定を定めることで消費者の利益保護を図るとともに、電気工作物の保安確保による公共の安全確保、環境保全などを目的として制定された法律。

10社
北海道電力、東北電力、東京電力、中部電力、北陸電力、関西電力、中国電力、四国電力、九州電力、沖縄電力、の10社（P.60参照）。

電気とガスのセット割
電気とガスを同一の事業者から購入する際に適用される割引制度。この制度はコスト削減を目指し、消費者には経済的な利点、事業者には消費者の帰属意識向上などの利点がある。ただし、市場での競争が低下する可能性もある。

▶ 電力業界の主要企業の売上高と販売電力量（2022年度）

	企業	売上高（億円）	販売電力量（億kWh）
1	東京電力ホールディングス	77,986	2,428
2	中部電力	39,866	1,024
3	関西電力	39,518	1,272
4	東北電力	30,072	818
5	九州電力	22,213	765
6	J-POWER（電源開発）	18,419	684
7	中国電力	16,946	546
8	北海道電力	8,888	239
9	四国電力	8,332	327
10	北陸電力	8,176	326

出典：各社の決算説明資料などより売上高と販売電力量の数字を抜粋

▶ 小売電気事業者の登録数の推移

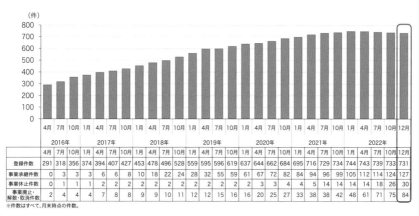

	2016年			2017年				2018年				2019年				2020年				2021年				2022年				
	4月	7月	10月	1月	4月	7月	10月	1月	4月	7月	10月	1月	4月	7月	10月	1月	4月	7月	10月	1月	4月	7月	10月	1月	4月	7月	10月	12月
登録件数	291	318	356	374	394	407	427	453	478	496	528	559	595	596	619	637	644	662	684	695	716	729	734	744	743	739	733	731
事業承継件数	0	3	3	3	6	6	8	10	18	22	24	28	32	55	59	61	67	72	82	84	94	96	99	105	112	114	124	127
事業休止件数	0	1	1	1	2	2	2	2	2	2	2	2	2	3	3	4	4	5	14	14	14	14	18	26				30
事業廃止・解散・取消件数	2	4	4	7	8	8	9	9	9	10	11	12	12	15	16	16	20	25	27	33	38	38	42	48	61	71	75	84

※件数はすべて、月末時点の件数。

出典：資源エネルギー庁「電力・ガス小売全面自由化の進捗と最近の動向ついて（資料3）」（2023 年 1 月 25 日）をもとに作成

👍 ONE POINT

電力業界が他業界へ及ぼす影響

電力業界で起こっている大きな変化は、関連する他業界にも影響を及ぼします。たとえば自動車産業では、電気自動車（EV）の所有者に対して低額充電サービスを展開している事業者がいますが、これは小売電気事業の一部を電力会社から奪っているという見方もできます。

Chapter2 07

電気を発電して消費者に届ける 電力業界の主なプレーヤー

電力業界は、電気を発電して消費者に届けることをビジネスとしています。電気の自由化以前は一貫したサプライチェーンによる地域独占が認められていましたが、自由化で多くの新電力（P.22参照）などが参入しています。

電気のサプライチェーンの変化

電気の小売全面自由化以降、市場では価格競争とともに、サービス競争も始まり、消費者ニーズも急速に変化しています。また世界的な潮流として、脱炭素化やSDGsへの対応の必要性から、グローバル展開を行う企業を中心に、再生可能エネルギー（再エネ）比率を増大させることが求められています。

屋根上などに太陽光パネルを設置し、発電した電力を自家消費する用途では、家庭用だけではなく、業務用や産業用でも一部、採算性が確保されています。今後は蓄電池との組み合わせにより、電力の自家消費が一般化することが想定され、従来のサプライチェーンにおけるプレーヤーにも影響が及ぼすと考えられます。

サプライチェーンの各事業者の今後の動向

まず発電事業者について、特に石炭やガスによる火力発電は、再エネが主力電源となる今後、大きな変革が求められると考えられます。同時に、省エネの普及や、人口減少に伴う国内全体の電力需要の減少により、総発電量（設備稼働率）は減少していくため、市場全体の発電量は減少せざる得ない状況となります。

送配電事業者については、電力系統の需要の低下により、収入減少が想定されます。こうした環境下で、系統設備の経年劣化対策や、大規模災害への対策を含めたレジリエンス対応、再エネの主力電源化への対応など、さらなる設備投資が必要とされます。

小売事業者については、電力小売市場は、旧一般電気事業者の小売事業者を中心に、今後いくつかの企業グループが形成されていくでしょう。消費者のニーズは、経済性だけではなく、脱炭素化に対応していることも求めるようになります。

サプライチェーン
原材料の調達から小売・販売に至るまでの一連の流れを指す。

電力系統
発電設備、送電設備、変電設備、配電設備、需要家設備など、電気の生産から消費までの設備全体を指す。

旧一般電気事業者
電気事業法により、自由化前に各区域の電力供給を独占していた電力会社10社（P.44参照）。長年にわたり安定したサービスを提供してきたが、現在では新規参入企業との競争が生じている。

▶ サプライチェーンの変化

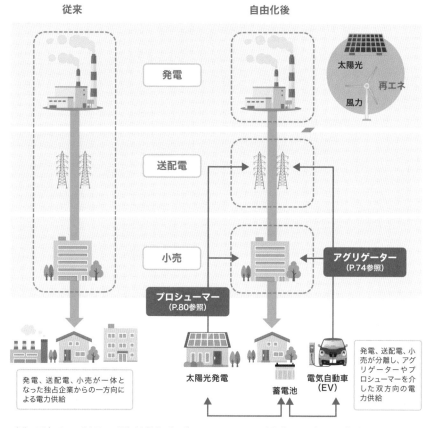

出典：アビームコンサルティング株式会社「エネルギーバリューチェーンの変革 第1回 現在エネルギー市場で何が起きているのか」を参考に作成

▶ 発電、送配電、小売の主なプレーヤー

出典：株式会社三菱総合研究所「エネルギービジネス」を参考に作成

Chapter2 08

高度経済成長による需要増大と震災以降の需要減少

電力需要は、東日本大震災まで伸び続けてきました。しかし、それ以降は大きく落ち込み、伸び率は鈍化傾向にあります。今後、省エネの定着と少子高齢化により、電力需要は頭打ちになる可能性があります。

第1次オイルショック
第4次中東戦争により、石油輸出国機構（OPEC）が原油の供給制限と輸出価格の引き上げを行ったことに起因する石油価格の急騰。世界経済に打撃を与え、エネルギー政策の見直しやエネルギー資源の多角化などを促す結果となった。

第2次オイルショック
OPECが行った原油価格の引き上げとイラン革命、イラン・イラク戦争の影響が重なって発生した石油価格の急騰。原油価格は約3年間で約2.7倍に跳ね上がり、緊縮財政や高金利政策への移行を引き起こした。

データセンター
企業などがデータを安全かつ効率的に運用・管理するための施設。デジタルトランスフォーメーション（DX）の進展や、ビジネスモデルの創出などで、サーバーの増設、施設の増築などがなされている。

高度経済成長以降の電力需要の伸び

電力需要は、1973年の第1次オイルショック（P.38参照）まで右肩上がりで伸びていました。その要因としては、家庭への電化製品の普及や電化率の上昇などが挙げられます。オイルショックは省エネ意識を高めるきっかけになりましたが、電力需要自体は第2次オイルショック（1979～80年）やバブル経済とその崩壊（1986～91年）など、原油価格や景気動向の影響を受けながら、大口のものは緩やかに伸びていきました。家庭や産業の需要も順調に伸び、バブル経済崩壊後も減少することはありませんでした。

人口減少での需要減少と情報社会での需要増大

2010年以降の電力需要については、東日本大震災における福島第一原子力発電所の事故から、原子力発電所の全面停止が長期化したことで、社会での省エネ要請が高まり、省エネ機器の普及が拡大しました。加えて、少子高齢化による人口減少も影響し、電力需要は大きく減少していきます。そして将来、人口減少が深刻化すると、さらに電力需要が低下することが見込まれます。

一方、5GやAI、IoTなど、情報社会の進展によるデータ処理量の増大により、電力需要が増大することが予測されています。電気自動車（EV）の普及やデータセンターの拡張に伴うAIやIoTなどの活用が電力需要の増大につながるかどうか、専門家の間で意見は分かれています。再生可能エネルギー（再エネ）が普及するなか、地域の配電系統の増強につながらない形態で需要増を受け入れるためのデータセンターの立地誘導策も、今後に向けて検討すべき課題です。

▶ 部門別電力最終消費の推移

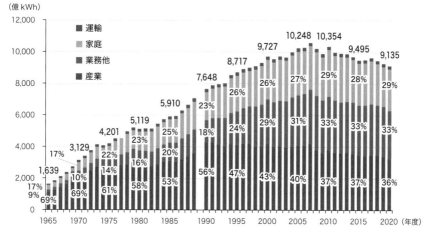

※民生は家庭部門および業務他部門（第三次産業）。産業は農林水産鉱建設業および製造業
※資源エネルギー庁「総合エネルギー統計」をもとに作成
出典：資源エネルギー庁「令和3年度エネルギーに関する年次報告（エネルギー白書2022）」をもとに作成

▶ 日本のデータセンターサービスの市場規模（売上高）

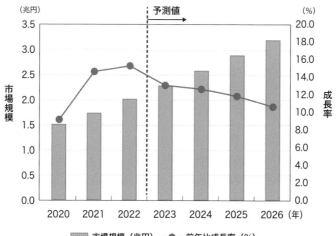

※2022年は見込み、2023年以降は予測
出典：IDC「国内データセンターサービス市場予測を発表」（2022年8月29日）
出所：総務省「情報通信白書 令和5年版」をもとに作成

総括原価方式からの電気料金の算定方式の変化

電気料金は、電気の安定供給の目的で、必要経費をすべて料金に含める総括原価方式で決まっていました。ただ、このしくみには弊害もあり、現在は送配電事業者にのみ適用されるなど、制度改革が進んでいます。

制度改革
電気やガス、水道といった公共サービスの料金体系を見直し、より公平で効率的なしくみをつくり出す取り組み。この改革は、消費者が公正な価格でサービスを受けられるようにするとともに、事業者が適切な利益を確保できるようにするものである。

特別高圧・高圧に限られていたものが全面自由化

　これまでの電気料金はビルや工場など、特別高圧・高圧で電気を使う需要家（自由化部門）の料金のみ、小売事業者との交渉で決めることができました。一方、一般家庭などの低圧で電気を使う需要家（規制部門）は、各区域の電力会社から供給を受け、その料金は法律で定められた方式で決定されていました。これが2016（平成28）年4月1日以降、電気の小売全面自由化が実施され、家庭や小規模店舗などを含むすべての需要家が、電力会社や料金プランを自由に選択できるようになりました。

料金設定の算定方式の変化

　電気料金は、電気の安定供給を行ううえで必要経費を積み上げ、それに適正利潤を上乗せした総括原価方式で算出されていました。必要経費は、発電所の建設費や燃料費、従業員の人件費などの営業費といった項目に分けられます。

適正利潤
企業の利益のなかでも、特に総収益（売上）からすべての費用（賃金や原材料費、利子など）を差し引いたあとに残る金額が適当で正当なことをいう。

　電力会社は、電気の供給計画や経営効率化計画を前提に、事業の見通しが立つ原価算定期間を設定し、その期間内にかかる原価を算定します。これにより、電力会社は電力供給にかかるコストを確実に回収できます。しかしこの方式では、経営を効率化するインセンティブが働きにくく、過剰な設備投資が行われるなどの弊害もありました。そのため自由化後、この方式は送配電事業者にのみに適用されています。自由化により、小売電気事業者が定める電気料金は、事業者の裁量で算定される費目と、法令などにより算定される費目を合計した金額となっています。

▶ 自由化後の電気料金に占める費用の内訳

事業者の裁量で算定される費目

自社電源から調達する場合

燃料費	減価償却費
修繕費	その他経費

他社電源から調達する場合

購入電力料

人件費	その他経費

＋

法令等により算定される費目

託送料金
- 送配電部門の人件費
- 送配電部門の修繕費
- 送配電部門の減価償却費
- 送配電部門の固定資産税
- 電源開発促進税
- 賠償負担金
- 廃炉円滑化負担金
- その他

法人税等	消費税等	固定資産税

再生可能エネルギー発電促進賦課金

出典：資源エネルギー庁「料金設定の仕組みとは？」をもとに作成

▶ 総括原価方式で定める料金に占めるコスト内訳

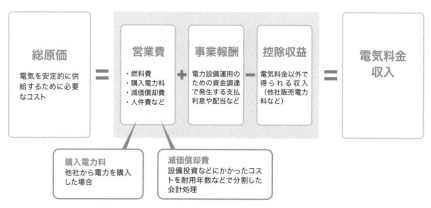

総原価
電気を安定的に供給するために必要なコスト

＝

営業費
・燃料費
・購入電力料
・減価償却費
・人件費 など

＋

事業報酬
電力設備運用のための資金調達で発生する支払利息や配当など

−

控除収益
電気料金以外で得られる収入（他社販売電力料など）

＝

電気料金収入

購入電力料
他社から電力を購入した場合

減価償却費
設備投資などにかかったコストを耐用年数などで分割した会計処理

出典：資源エネルギー庁「料金設定の仕組みとは？」をもとに作成

🖐 ONE POINT

送配電網を使うために必要な託送料金

託送料金とは、電気を送る際、小売電気事業者が使う送配電網の利用料として一般送配電事業者が設定する料金です。これには経済産業大臣の認可が必要です。新たに参入する小売電気事業者だけではなく、既存の大手電力会社の小売部門が送配電網を使う際にも、各社が販売した電気の量に応じて託送料金を負担します。託送料金には、送配電部門における人件費、設備修繕費、減価償却費、固定資産税のほか、電源開発促進税、賠償負担金、廃炉円滑化負担金などが含まれます。

Chapter2
10

化学反応で自由電子を発生させ充放電を行う蓄電池

蓄電池における電気の充電と放電は、主に金属の化学反応により自由電子（P.34参照）を発生させるしくみで成り立っています。放電時は電子が陰極から陽極へ移動し、充電時はその逆に、電子が陽極から陰極に移動します。

二次電池
充電して繰り返し使える電池のこと。

電解液
電気が流れる特徴（電機伝導性）をもつ溶液のこと。電池は陽極、陰極、電解液から構成される。

家庭用
一般家庭で使う蓄電設備。再エネで発電した電気をためて必要時に利用可能。電気の安定供給や災害時の非常電源としての役割も担う。

産業用
工場や企業などで使う大容量の蓄電設備。製造ラインの安定稼働やピークカット、夜間に電気をためて昼間に使うデマンドレスポンスなど、効率化に貢献する。

系統用
電力系統の安定化を目的とした大容量の蓄電設備。電力需給のバランスをとることや、再エネの変動を吸収する目的で導入される。系統の安定稼働や停電などのリスク低減に貢献。

📍 金属が溶けて自由電子を発生させるしくみ

蓄電池とは、充電して電気を蓄えることで、繰り返し使うことができる電池（二次電池）のことです。蓄電池には多様な種類があり、それぞれ構造や素材などが異なりますが、基本的には次のようなしくみで成り立っています。

蓄電池は、硫酸などの電解液のなかに陽極（＋）と陰極（－）になる金属を入れることで、電気が流れるしくみです。陽極には電解液に溶けにくい金属、陰極には溶けやすい金属を使い、陰極の金属が溶けて自由電子が発生すると、その自由電子が陽極に移動するようになります。このように、自由電子が陽極に移動すると電流が発生し、電気エネルギーとして利用できます。

この流れを逆に行うと充電ができます。具体的には、電流を流すことで、陽極に移動した金属が溶けて自由電子が発生し、その自由電子が陰極に移動します。それが陰極で固体化して金属に戻ることで、元の状態になるのです。

📍 平常時に充電、非常時に放電して電気を供給

蓄電池はさまざまな場面で利用されています。右頁の下図は、家庭用蓄電池の構成を表したものです。平常時は、電力系統に接続された一般負荷分電盤を介し、供給された電気で充電できます。非常時は一般負荷分電盤が使えなくなり、重要負荷分電盤を介して重要負荷電源の家電に放電し、電気を供給することが可能です。

蓄電池は、NAS電池、リチウムイオン電池、鉛電池、ニッケル水素電池などの種類があり、**家庭用**、**産業用**、**系統用**に分類されます。近年では、電気自動車（EV）用の蓄電池が、再生可能エネルギー（再エネ）の普及とともに注目されています。

▶ 蓄電池の放電と充電のイメージ

放電時

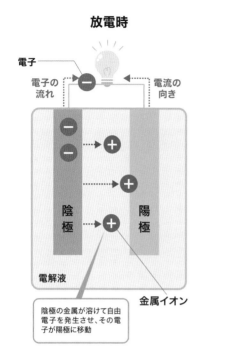

電子

電子の流れ｜電流の向き

陰極　陽極

電解液

陰極の金属が溶けて自由電子を発生させ、その電子が陽極に移動

金属イオン

充電時

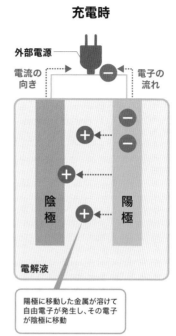

外部電源

電流の向き｜電子の流れ

陰極　陽極

電解液

陽極に移動した金属が溶けて自由電子が発生し、その電子が陰極に移動

▶ 家庭用蓄電池の動作のイメージ

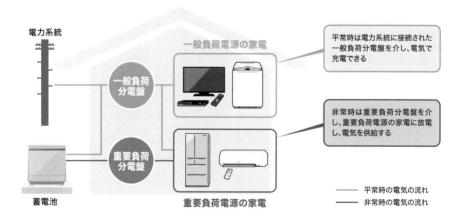

電力系統

一般負荷電源の家電

一般負荷分電盤

重要負荷分電盤

蓄電池

重要負荷電源の家電

平常時は電力系統に接続された一般負荷分電盤を介し、電気で充電できる

非常時は重要負荷分電盤を介し、重要負荷電源の家電に放電し、電気を供給する

―― 平常時の電気の流れ
―― 非常時の電気の流れ

Chapter2
11

電力需給のバランスは「同時同量」が基本

「同時同量」とは、電気を必要とする量（需要）と届ける量（供給）が、同じ時間に同じ量になっていることです。需要量と供給量とが常に一致していないと、電気の品質（周波数）が乱れ、正常に供給できなくなります。

需給を常に一致させ続けることが必要

電力会社は電力需要（電気の消費量）を予測し、発電する電気の量（発電量）を決め、発電計画を立てます。電力需要は季節や天候、時間帯などにより大きく変わります。たとえば、1年で最も電力需要が高いのは、街の至るところで冷房が使われる夏、特に工場などが稼働している昼間です。さらに、晴れ・曇り・雨などの天候の違いでも、電力需要は変わります。

電力会社は、あらかじめ作成した発電計画を基本にしつつ、刻々と変わる電力需要に合わせて発電量を変え、供給する電気の量を需要と常に一致（同時同量）させ続ける必要があるのです。

新しい電力網における需給の管理

これまでの電力網は、各地域の大手電力会社が一括で運用し、経済性に優れた大規模な電源を確保し、電気を届ける形態でした。また主な電源には、日々の発電計画や実際の需要に合わせて発電量を調整しやすい原子力発電、石炭・石油・LNG（液化天然ガス）などの化石燃料を使う火力発電などがありました。

一方、電力の小売全面自由化により解放された新しい電力網には新電力（P.22参照）など、さまざまな企業が参入し、発電部門や小売部門のプレーヤーが多様化しています。電源についても、再生可能エネルギー（再エネ）などの分散型電源、需要家の自家発電設備やコージェネレーションシステムなども加わりました。こうした新しい電力網は、脱炭素化でも重要な役割を担っており、一般送配電事業者が需要と供給をリアルタイムで管理することで、安定的・効率的な電力供給を可能にしています。

分散型電源
比較的小規模で、需要家の隣接地域に分散している発電設備の総称。従来の電力会社による大規模・集中型発電設備と相対する概念。

コージェネレーションシステム
2つのエネルギー（たとえば電気と熱）を同時に生産し、供給するシステム。一般的にはガスタービンやディーゼルエンジンなどを使い、電気を生成する際に発生する排熱を利用する。これにより、エネルギー効率の向上とCO_2排出量の削減を実現する。

▶ 電力の需要と供給のバランスのイメージ

●電力需給のバランス：均等なとき

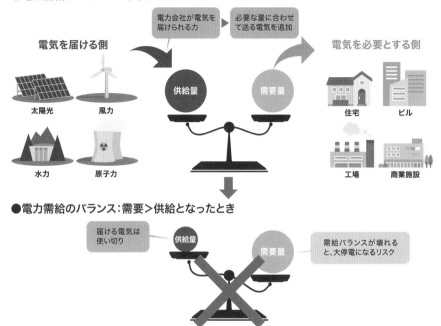

電力会社が電気を届けられる力 → 必要な量に合わせて送る電気を追加

電気を届ける側

太陽光　風力　水力　原子力

供給量　需要量

電気を必要とする側

住宅　ビル　工場　商業施設

●電力需給のバランス：需要＞供給となったとき

届ける電気は使い切り

供給量　需要量

需給バランスが壊れると、大停電になるリスク

出典：電力需給緊急対策本部（平成23年3月25日）の参考資料をもとに資源エネルギー庁が作成
出所：資源エネルギー庁「電気の安定供給のキーワード『電力需給バランス』とは？ゲームで体験してみよう」
　　　（2019-08-06）をもとに作成

✌ ONE POINT

電力需給のバランスをとるためのDR

新しい電力網には、再エネなどの分散型電源を有効に活用できるメリットはあるものの、これまでになかった課題が生まれています。そのひとつが、再エネの「変動性」です。電力会社の取り組みだけで需給バランスをとるのは難しく、その解決策と期待されているのが、「デマンドレスポンス（DR）」です。DRとは、電気を使う需要家が、使う電気の量や時間を制御することで、電力需要のパターンを変化させることを指します。DRには、需要を減らす（抑制する）「下げDR」と、需要を増やす（創出する）「上げDR」の2つがあり、電力需要がピークに達したときは「下げDR」、電力の過剰供給のときは「上げDR」によりバランスをとります。

電力システムの生みの親、サミュエル・インサル

電気の事業モデルを確立したインサル

電気は生活に欠かすことのできないエネルギー源です。スマートフォンも電車も、最近では自動車まで電気で動作するようになり、生活は便利になりました。電気を発明したのはエジソンですが、誰でも使えるようにしたのはサミュエル・インサルという実業家です。

インサルはイギリス生まれの米国人で、若くしてトーマス・エジソンのもとで働き、エジソンから独立して電気の事業モデルを確立しました。この事業モデルが今、地球全体で変わろうとしています。

電気のつくり方や使い方の変革が起こるなか、現在の電力システムをつくったインサルの考え方を学ぶことで、これからの電力システムがどのように変わっていくかについて、見えてくる部分があるでしょう。

大規模化により経済性を高める考え方

インサルの考えは、多様な顧客の需要を多数束ね、発電所を大規模化し、負荷率を向上させることでした。この考えに従えば、広域にネットワーク化されたシステム全体で需要と供給のバランスをとればよく、経済性が高まり、電気料金が下がって、さらに需要が拡大するという好循環が生まれました。また、計量器による従量料金制を導入し、電気事業の自然独占から、企業の地域独占として料金を規制することも実現しました。こうして、巨大な電力会社の経営者として業界をリードし、電化製品の普及と、交流による大規模電力システムの礎を築いたのです。

日本は、人口減少の課題を抱え、都市は一極集中から分散に移行しています。これに加え、再エネの導入、脱炭素化への転換、IT化による大電力需要という要素もあり、電力システムの変革が進んでいます。今、インサルが生きていたら、未来の電力システムに何を思うでしょうか。

第3章

電力関連のビジネスの
しくみ

小売全面自由化により、電力業界には多くの事業者が
参入しましたが、これまで電気事業を独占してきた
10電力はいまだ強力です。参入者は料金プランや供
給方法などで工夫しながらビジネスを展開しています。
ここでは、発電、送配電、小売を軸とした電力供給に
関連するさまざまなビジネスについて解説します。

Chapter3 01

電力取引の安定化のため 発展してきたJEPX

電気の小売全面自由化により参入した小売電気事業者には、電力を効率的に調達することが求められます。欧米で先行していた電力取引を参考にJEPX（ジェイペックス）が設立され、電力取引の基幹インフラのひとつとなりました。

安定的な電力取引を実現するための機関

　自由化以前は各区域の大手電力会社が、発電、送配電、小売に至る電力供給のすべてを担っていました。段階的な自由化により、新たに小売電気事業者（新電力）が参入しましたが、発電設備を保有していない事業者も多く、電力の調達が課題となりました。そこで、発電事業者と小売電気事業者が安定的に電力取引ができるよう設立されたのが一般社団法人 日本卸電力取引所（JEPX：Japan Electric Power Exchange）です。市場での取引量は年々増加しており、最近では40％を超える水準で推移しています。2018年からは非化石価値も取引されています。

JEPXの市場の種類と取引の形態

　JEPXのメイン市場は「スポット市場（一日前市場）」で、翌日に受渡しをする電力を取引します。1日を30分単位の合計48コマに区切り、1コマごとに売買が行われます。0.1MWから取引可能で、売買したい電力量と価格を提示するしくみです。

　前日の予測に対する不測の事態（予想以上の需要増など）に対応するための市場は「当日市場（時間前市場）」です。24時間開場しており、受渡しの1時間前まで取引可能です。

　将来の特定の期間に受渡しをする電力を取引する市場は「先渡市場」です。リスクヘッジなどで利用され、価格高騰があっても問題がないよう、最大で受渡し3年前までの電力を取引可能です。

　また、ベースロード電源を取引する「ベースロード市場」もあります。ベースロード電源とは、原子力や一般水力（流れ込み式）など、安定供給が可能な、基盤となる電源のことを指し、コストが低く、出力が一定であることが特徴です。

非化石価値
地球温暖化の原因となるCO_2を排出しない方法で発電された電気がもつ「環境価値」のこと。石油や石炭といった化石燃料ではなく、太陽光や水力などの「非化石」のエネルギー源が用いられることに由来する。2018年から非化石価値を電気そのものの価値から切り離し、「証書」として取引できるようになり、脱炭素経営が必要とされる昨今、多くの企業から注目を集めている。

売買
市場で売買が決まることを約定（やくじょう）という。

リスクヘッジ
たとえば、電力消費量の多い平日昼間の電力を事前に購入しておくことで、将来的に価格が高騰した際に備えられる。

▶ JPEXのしくみと市場の種類

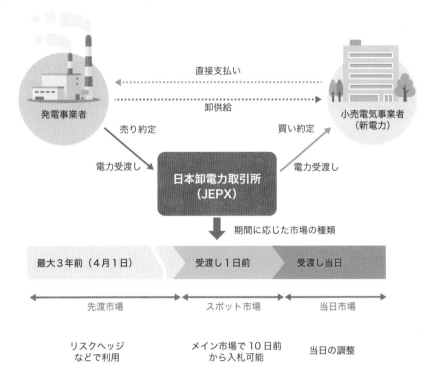

出典：経済産業省 総合資源エネルギー調査会 電力・ガス事業分科会「資料6 電力・ガス基本政策小委員会制度検討作業部会中間論点整理」、一般社団法人 日本卸電力取引所（JEPX）「日本卸電力取引所取引ガイド」を参考に作成

👆 ONE POINT

ベースロード市場の開設の理由

小売電気事業者にとっては、できるだけコストをかけずに電力を確保することが求められます。しかし、ベースロード電源を保有しているのは大手電力会社がほとんどで、小売事業間の競争の障壁となっていました。そこで、2019年にベースロード電源をもつ企業に電力の供出が義務付けられ、JEPX内に「ベースロード市場」が開設されました。現在は、受渡し年度の前年度に年4回（7月、9月、11月、1月）、1年間のベースロード電源の取引が実施されています。ただ、年間固定価格であることや受渡し開始までの期間が長いことなどがあり、取引量は増加していません。

地域独占から自由化されるものの依然として強力な10電力

日本には、北海道から沖縄まで、10の大手電力会社（10電力）があります。戦後長く、これらの企業が電気事業を独占してきました。1990年代半ばから自由化政策が始まりましたが、10電力が強い市場構造は変わっていません。

10電力の体制による地域独占

現在の電気事業の体制は、第二次世界大戦後に構築された9電力に遡ります。戦前の電気事業は、政府主導による垂直統合型をとっており、戦時体制下では軍需産業の基盤となっていました。戦後、GHQ（連合国最高司令官総司令部）は民主化の一環として、この体制を解体し、民間主導による競争環境をつくることを目指しました。その一環としてGHQは日本発送電の解体を決めます。

そこから電気事業の市場構造をめぐる議論が始まり、日本の電気事業は松永安左エ門が主張した、全国9つの区域に垂直統合型の民間会社をつくる体制が開始されました。その後、1988年に沖縄電力が加わり、10電力の体制となったのです。

自由化後も強い影響力がある10電力

戦後の電気事業の特徴として、①民営、②垂直統合型、③区域別分割、④地域独占、が挙げられます。政府の関与を少なくし、効率性を高めることが狙いでした。このうち、③区域別分割と④地域独占は、2016年の小売全面自由化により廃止されています。②垂直統合型については、電力会社が送配電部門を抱えたままであると、公益性の観点から好ましくないと考えられたため、発電部門と送配電部門を切り離す「発送電分離」が2020年からスタートしました。

ただし、市場構造は現在も、10電力が圧倒的に強い状況にあります。これは、10電力が長年培ってきた営業基盤や顧客基盤によるものです。新たに参入した小売電気事業者（新電力）がこれらと同等の基盤を短期間で築くことは困難であり、10電力と競争することは厳しい状況にあります。

垂直統合型
燃料調達から発電、送配電、小売まで、すべての工程を一社で担うビジネスモデルのこと。

日本発送電
1951年まで日本の電気事業を独占していた国策会社。「日発」とも呼ばれる。戦時体制下において、電力会社や発電所、送配電所を統合することで発足。電気事業を一元的に管理していた。

松永安左エ門
明治後期から昭和にかけ、九州電力や中部電力を設立するなど、日本の電力業界に影響を与えた実業家。戦後の電気事業再編も主導し、「電力の鬼」とも呼ばれた。

10電力
北海道電力、東北電力、東京電力、北陸電力、中部電力、関西電力、中国電力、四国電力、九州電力、沖縄電力の10社。

▶ これまでの10電力の供給区域

100%民間資本であること
と、燃料調達から料金回収
までを一社が担う垂直統合
型であることが従来の 10
電力の特徴

出典：資源エネルギー庁「電力の小売全面自由化って何？」をもとに作成

▶ 10電力の売上高の比較 (2022年度)

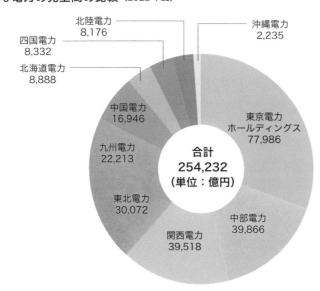

北陸電力
8,176

四国電力
8,332

北海道電力
8,888

沖縄電力
2,235

中国電力
16,946

九州電力
22,213

東北電力
30,072

関西電力
39,518

合計
254,232
（単位：億円）

東京電力
ホールディングス
77,986

中部電力
39,866

出典：各社の決算説明資料などより売上高の数字を抜粋

Chapter3 03

自由化による新規参入で競争が激化する新興電力会社

電気の小売全面自由化により、さまざまな小売電気事業者（新電力）が参入しましたが、とりわけ家庭部門の市場が開放されたことで事業者が増え、小売電気事業者の登録数は2023年時点で700社を超えています。

競争激化により将来を見据えた戦略が必要

2016年4月の小売全面自由化により、さまざまな業種・業態の企業が小売電気事業に参入しました。新たに参入した企業には、ガス会社、石油元売企業、通信系企業、商社系企業、不動産・住宅関連企業、鉄道会社、**ポイントサービス提携会社**など、多岐にわたります。各社は強みを生かした事業展開を進めていますが、顧客獲得競争は激化しています。

新興電力会社に限らず、電気事業を担う多くの会社は、**2050年の電力市場**を見据えたビジョンや戦略などを打ち出していく必要に迫られています。たとえば、電気・通信・ITを組み合わせたスマートシティの実現や、電力需給を最適化するエネルギーマネジメントの普及など、単なるエネルギーの供給にとどまらず、新たな価値創造に貢献することが期待されています。

多くの業界にわたる新規参入者の例

- **ガス会社**：東京ガスや大阪ガスなどの大手ガス会社や、静岡ガスなどの地域ガス会社など。既存事業のガス販売網を強みに事業を展開しています。
- **石油元売企業**：出光興産やENEOSなど。今後、電気自動車（EV）の普及によりガソリン需要が減少するなか、ガソリンスタンドという資産をどう活用するかが課題です。
- **通信系企業**：NTT、ソフトバンク、KDDIの各グループなど。電気・ガス・通信のセット販売の一般化の可能性があります。
- **商社系企業**：三菱商事系のダイヤモンドパワー、住友商事系のサミットエナジー、丸紅グループの丸紅新電力など。発電事業と小売事業を展開し、自社グループの**経済圏**を構築しています。

**ポイントサービス
提携会社**
公共料金の支払いなどで、ポイントが還元されるサービスを提供する会社。たとえば、クレジットカード会社などが提供している事例がある。

2050年の電力市場
2050年のカーボンニュートラル実現に向け、電気の生産や利用などの変革を想定したビジョンが必要とされる。

経済圏
特定の企業やサービスなどで完結できる、消費や投資といった経済活動の範囲や規模。たとえば「楽天経済圏」や「PayPay経済圏」など。

▶ 新電力の小売電力市場シェアの推移

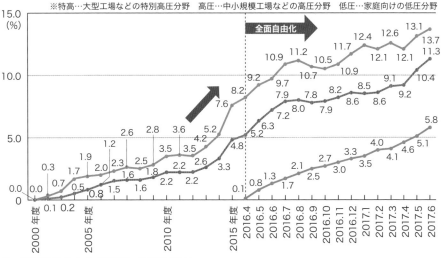

※シェアは販売電力量ベース（自家消費、特定供給を除く）
出典：電力調査統計
出所：資源エネルギー庁「電力小売全面自由化で、何が変わったのか？」（2017年9月28日）をもとに作成

「電力会社」の意味合い

「電力会社」という言葉は、自由化以前は「○○電力」といった各区域の電力会社を指していましたが、自由化で、消費者は電気の購入先（小売電気事業者）を自由に選べるようになりました。小売電気事業者も「電力会社」といえます。同様に発電だけを行う発電事業者も「電力会社」であり、「電力会社」の意味合いが変化しています。ただし各事業を行うためには、下図の資格要件を満たす必要があります。ちなみに「許可制」は、事業者が申請して審査に通過する必要がある事業、「届出制」は、事業者が書類を提出する必要がある事業、「登録制」は、事業者が書類を提出して役所の帳簿に記載される必要がある事業のことです。

発電事業	送配電事業	小売電気事業
届出制 発電所の建設・ 運用など	許可制 送配電網の構築・運用・ 保守、需給調整　など	登録制 送電力の販売、 料金の徴収　など

Chapter3 04

電気の地産地消は脱炭素化や地方創生に貢献

各地域でも電力に関連するさまざまなビジネスが生まれています。なかでも電気の地産地消を目指す動きが活発で、現在では数多くの地域のエネルギー会社が立ち上がり、各地域でエネルギー事業を担っています。

地域のエネルギーを使うことで経済活性化

　自由化により、家庭でも電気の購入先の選択肢が広がりました。地域によっては、自治体や地域企業などが運営する小売電気事業者からも電気を購入できます。火力発電や原子力発電などの大規模集中型の電力システムでは、多くの地域へ電力供給ができますが、地域住民が電気代として支払ったお金は、大手電力会社へ流れていきます。このようなお金の流れを変え、地域内で循環させることで地域経済を活性化できるように、エネルギーの地産地消の考え方が取り入れられ始めています。特に電気の地産地消では、太陽光などの再生可能エネルギー（再エネ）が主な調達先となるため、環境負荷の低減にもつながります。

地域のエネルギー会社の3つのタイプ

　地域のエネルギー会社には大きく分けて、①本業囲い込み型、②地方創生型、③ベンチャー型の3種類があります。①本業囲い込み型は、地域のガス会社が電気のセット販売を行うなどの例です。②地方創生型は、自治体と地域企業が連携して設立した地域新電力です。③ベンチャー型は、宮古島未来エネルギーなどのような技術とサービスを強みにもつ会社です。

　2021年6月に「地域脱炭素ロードマップ」が策定されました。2030年までに100か所の脱炭素先行地域を創出し、全国に伝播させることで、2050年を待たずにカーボンニュートラルを実現することが目標とされています。脱炭素先行地域に選ばれた自治体では、地域特性などに応じた脱炭素化の先行的な取り組みが実施されます。選ばれた自治体などには「地域脱炭素移行・再エネ推進交付金」として、5年間で最大50億円が交付されます。

宮古島未来エネルギー
宮古島で再エネ事業を展開する企業。太陽光発電設備や蓄電池、エコ給湯器などを宮古島市内の住宅や事業用施設などに設置し、発電した電気を設置先で消費するほか、余剰電力の販売などを行う。再エネの運用などを効率化するシステムにより、エネルギーを自動で管理する取り組みを進めている。

脱炭素先行地域
地域脱炭素ロードマップに基づき、脱炭素化を先行的に実現していく地域。地域特性に応じて家庭部門と業務部門などの電力消費に伴うCO_2排出の実質ゼロ化や、運輸部門や熱利用なども含めたその他の温室効果ガス排出削減も目指す。環境省が地域を選定し、地域脱炭素移行・再エネ推進交付金により支援が行われる。

▶ 地域新電力のしくみ

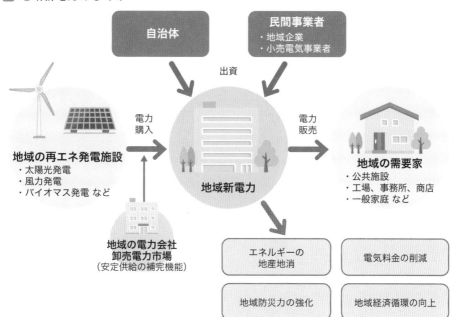

出典：環境省「地域における温暖化対策を通じた地域活性化の推進のための連絡会 参加企業 事業概要集」（令和2年1月時点）をもとに作成

▶ 地域脱炭素化の展開イメージ

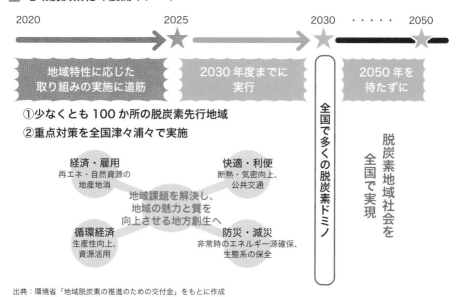

出典：環境省「地域脱炭素の推進のための交付金」をもとに作成

Chapter3 05

水力や火力から再エネへと時代とともに変化する発電方式

電力供給は、第二次世界大戦前は水力発電が主力で、戦後は火力発電が中心となりました。オイルショック後、燃料は石油からLNG（P.16参照）へ移行し、近年は再生可能エネルギー（再エネ）の発電に多くが参入しています。

FIT制度で急速に拡大した再エネ

　昭和初期、電力供給の柱は水力発電でした。それが第二次世界大戦後の復興とともに主役は火力発電になり、その後のオイルショックにより燃料は石油からLNGに移行しました。そして、2012年にFIT（固定価格買取）制度が開始されます。この制度は、再エネで発電した電気を20年間、一定価格で買い取ってもらえるというものです。この制度により、日本国内だけではなく、海外からも発電事業者が新たに参入しました。

　小規模の設備で分散して発電する分散型電源も多数生まれています。分散型電源は、需要家エリアに隣接して発電できるため、送電損失が抑えられます。また、需要家自身も電力供給に参画でき、家庭用や産業用などへの供給が柔軟にできます。一方、FIT制度による買取価格は、全国一律の単価により、電気の使用量に応じた再エネ賦課金（再生可能エネルギー発電促進賦課金）として、需要家から回収されています。

再エネ賦課金
FIT制度により、再エネは固定価格で売電できることが約束される一方、固定価格を保証するための賦課金が需要家から回収されている。このため、FIT制度による再エネ買取が増えるほど、賦課金も増える。

需給調整に必要とされる火力発電

　太陽光や風力などの再エネによる発電は、天候や時間帯などの影響を受けます。そのため、再エネが機能しない場合は、需給調整力に長けた火力発電所が運用されています。火力発電所は、出力変更を容易に行えるため、発電量や需要などの変動を吸収する役割を担えます。調整力としては蓄電池もありますが、今すぐに火力発電をなくすことは時期尚早であり、エネルギーミックス（P.14参照）も重要とされています。火力発電は、脱炭素化の観点から、排出するCO_2の回収・利用の技術、水素やアンモニアを燃料に用いる技術なども、実用化に向けて開発が進んでいます。

▶ FIT（固定価格買取）制度のしくみ

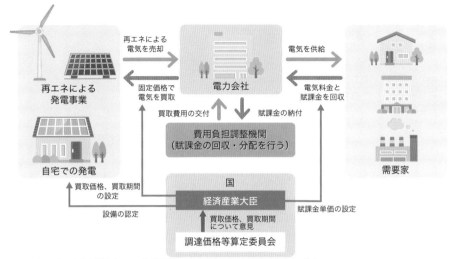

出典：電力広域的運営推進機構（OCCTO）「納付金・FIT交付金関連 制度概要」をもとに作成

▶ 火力の脱炭素化に向けたイメージ

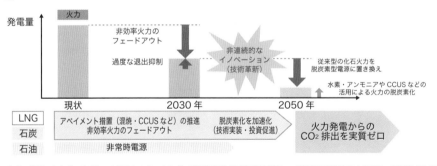

出典：資源エネルギー庁「もっと知りたい！エネルギー基本計画⑥ 安定供給を前提に、脱炭素化を進める火力発電」（2022-05-25）をもとに作成

👍 ONE POINT

電気料金の内訳

電力会社に支払う電気料金は、使用量にかかわらず支払う「基本料金」、使用量に応じて支払う「従量料金」と「賦課金（再エネ賦課金）」、燃料価格に応じて加減算される「燃料調整費」を合計した金額になることが一般的です。また、「基本料金」と「従量料金」には、送電線などの使用料に該当する「託送料金」も含まれています。

Chapter3 06

自由化後も公益性が求められる送配電事業

送配電事業は、電圧や周波数などの維持という重要な役割を担い、安定した電力供給を担保しています。社会インフラとして独占が許可される代わりに、公益性が求められています。

発送電分離の4種類の特徴

電力のサプライチェーン（P.46参照）において、送配電については、公益性の観点から地域独占（P.42参照）が認められ、発電事業者や小売電気事業者の新規参入が不利にならないよう、発送電分離（P.60参照）が進められています。

発送電分離には、「会計分離」「機能分離」「法的分離」「所有権分離」の4段階があります。会計分離は、送配電部門の会計のみを分離することで、料金の公益性を担保した体制です。機能分離とは、送配電設備は電力会社に残し、運用や指令などの機能を別組織に分離することです。法的分離とは、送配電部門を分離し、別会社とすることです。所有権分離は、送配電部門を完全に別会社とし、資本関係も認めない体制です。会計分離が最初に導入されましたが、託送料金や送電系統の情報などが不透明という指摘などから、改革を通じて法的分離に移行しています。

送配電事業も新規参入が可能に

日本では、電気は「特別高圧」「高圧」「低圧」と電圧を変えながら提供されます。需要家が増えると、それに合わせた送電線・配電線の設置や増強が必要になります。日本では主に、50万〜6万6,000Vの送電線、6,600〜100Vの配電線が使われ、電圧を変換するための変電所が各地に存在し、それらの設備を運用・管理しているのが送配電事業者です。

2022年4月から配電事業ライセンス制度が施行され、経済産業大臣の許可を得ることで送配電事業を行えるようになりました。これにより、競争が活性化され、他事業との連携などが実現し、よりよいサービスが提供されるようになることが期待されます。

4段階
会計、機能、法的、所有権と進むに従って送配電の公益性が高まる。

託送料金
小売電気事業者が電気を送る際に利用する送配電網の利用料金として一般送配電事業者が設定するもの。経済産業大臣の認可が必要である。

配電事業ライセンス制度
送配電系統運用者が保有する既存の配電網を借り受けまたは買い取り、配電網の運用・管理をできるようにする制度。これまで独占されていた事業の権利が開放され、他業種からの参入によるイノベーション創出などが期待されている。

▶ 発送電分離の主な種類

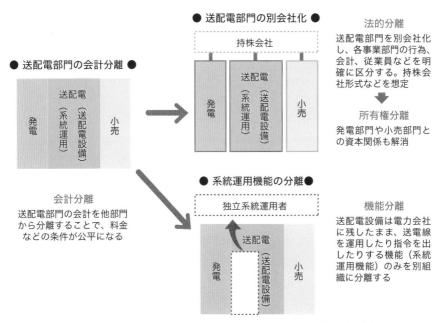

● 送配電部門の別会社化 ●

持株会社

発電 ／ 送配電（系統運用）（送配電設備）／ 小売

● 送配電部門の会計分離 ●

発電 ／ 送配電（系統運用）（送配電設備）／ 小売

会計分離
送配電部門の会計を他部門
から分離することで、料金
などの条件が公平になる

● 系統運用機能の分離 ●

独立系統運用者

発電 ／ 送配電（送配電設備）／ 小売

法的分離
送配電部門を別会社化
し、各事業部門の行為、
会計、従業員などを明
確に区分する。持株会
社形式などを想定

所有権分離
発電部門や小売部門と
の資本関係も解消

機能分離
送配電設備は電力会社
に残したまま、送電線
を運用したり指令を出
したりする機能（系統
運用機能）のみを別組
織に分離する

出典：資源エネルギー庁「2020年、送配電部門の分社化で電気がさらに変わる」（2017-11-30）を参考に作成

▶ 配電事業ライセンス制度による事業のイメージ

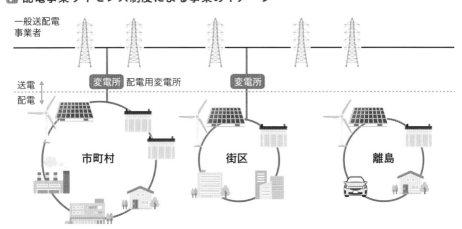

一般送配電事業者

送電 ↑
配電 ↓

変電所 配電用変電所　　変電所

市町村　　　街区　　　離島

市町村規模での設備効率化
新技術をもつ企業＋一般送配電事業者＋自治体により、料金体系の工夫や需給調整など

街区規模での持続性強化
自治体＋一般送配電事業者により、災害拠点や地場産業への優先給電など災害対応強化

離島の運用効率化
新技術をもつ企業＋インフラ事業者＋現地委託事業者で、インフラコストの削減など

出典：資源エネルギー庁「配電事業ライセンスについて」を参考に作成

既存事業の強みを生かして
セット販売などを展開する電気小売

日本の電気小売市場は現在、およそ1.6兆円の規模があります。2000年から段階的に小売自由化が進んだことで、新規参入者が増加しており、他業種の強みを生かしたセット販売などで市場が活性化しています。

段階的に自由化されて新規参入者が増加

　日本の電気小売は約1.6兆円の市場規模があり、需要件数は約9,000万件にのぼります。内訳としては、工場やオフィスビルなどの特別高圧や高圧が約9,800億円、家庭や小規模事業者などの低圧が約5,800億円です。

　小売自由化は2000年3月から段階的に進められ、最初は特別高圧区分である大規模工場やデパート、オフィスビルなどで自由化が実現しました。その後、2004年4月に高圧区分にも広がり、さらに2016年4月に一般家庭や小規模事業者などの低圧区分に拡大されたことで、すべての需要家が購入先を選べるようになりました。それにより、多様な料金プランなども登場しています。

本業の強みを生かしたセット販売

　新規参入者は、自社の商品・サービスとのセット販売などを展開しています。セット販売では、たとえ電気料金が高くても、セット全体の価格や価値でお得感を引き出しています。セット販売は、電気や既存サービスなどの販売量の増加だけではなく、顧客流出の抑制にもつながります。新規参入者はさまざまな業種にわたりますが、異業種から参入した例として、たとえば三菱商事、ローソン、中部電力ミライズが共同で出資するMCリテールエナジーがあります。「まちエネ」というブランドで電気販売を行っており、ローソンの無料クーポンがもらえたり、映画券が割引で購入できたりするなどの特典があります。また東急パワーサプライは、東急グループの小売電気事業者で、東急線沿線の住民に特化したサービスを提供しています。東急グループの各種商品・サービスと連携することで、快適な暮らしをサポートしています。

特別高圧
一般に供給電圧が20kV以上で、契約電力が2,000kW以上の非常に高い電力のこと。主に大量の電気が必要とされる大規模工場などで用いられる。

高圧
一般に供給電圧が6kVで、契約電力が50kW以上2,000kW未満の高い電力のこと。特別高圧より電圧が低いが、一般家庭より大量の電気が必要とされる中小規模工場や中小ビルなどで用いられる。

▶ 電力の小売自由化の段階

| 2000年3月 電力小売自由化スタート | 2004年4月・05年4月 自由化領域の拡大 | 2016年4月 電力小売全面自由化 |

特別高圧	**高圧**	**低圧**
大規模工場やデパート、オフィスビルなど、大量の電気が必要な施設	中小規模工場や中小ビルなど、一般家庭より電気が必要な施設	家庭や商店など、大量の電気を必要としない施設

出典：資源エネルギー庁「電力の小売全面自由化って何？」をもとに作成

▶ 「まちエネ」の料金プランの例

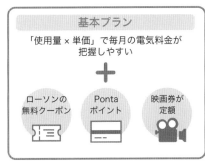

基本プラン

「使用量×単価」で毎月の電気料金が把握しやすい

＋

- ローソンの無料クーポン
- Pontaポイント
- 映画券が定額

デイタイムバリュープラン

午前9時〜午後3時の間、EVの充電や蓄熱機器などを使うと電気がお得に

＋

- EV・PHEVの利用で基本料金が安くなる
- 昼間の時間帯は電気がお得
- 映画券が定額

出典：MCリテールエナジー株式会社 まちエネ「料金プラン」のWebページの情報を参考に作成

 ONE POINT

最低価格で購入するリバースオークション

電気小売に関連する多様なサービスが登場するなか、「リバースオークション」が注目されています。これは再生可能エネルギーで発電した電気について、競り下げ方式により、最低価格を提示する小売電気事業者を選べる方法です。一般的なオークションとは逆に、小売電気事業者が低い電力単価で入札すると落札されるため、需要家（企業や自治体）はより低廉な価格で電気を購入できるようになります。

新しいビジネスモデルとして普及が進むPPA

深刻化する環境問題に対して、普及が進んでいるのがPPA（電力販売契約）です。需要家と発電事業者との間で長期にわたって結ぶ、再生可能エネルギー（再エネ）由来の電力の販売契約を指します。

初期投資が不要なオンサイトPPA

オンサイトPPAは、需要家の構内（建物の屋根上など）に太陽光発電設備を設置（オンサイト）し、発電した電力を供給するしくみです。発電設備は発電事業者が設置・所有し、需要家は電力と環境価値を購入します。「第三者所有モデル」とも呼ばれ、需要地に発電設備を設置できるスペースがある場合に適しています。需要家は発電設備への初期投資が不要で、手軽に導入できる点がメリットです。日本では現在、オンサイトPPAが主流です。

離れた場所から電力供給を行うオフサイトPPA

一方、オフサイトPPAは、需要地から離れた場所（オフサイト）に発電設備を設置し、その発電設備から電力を供給します。ただし現在、発電事業者が送配電網を介して需要家に電力を販売することが認められていないため、需要家は小売電気事業者を通じて電力と環境価値を購入することになります。一見、通常の電力供給のようですが、特定の再エネ発電所から購入する点が特徴です。

オフサイトPPAは、電力の物理的な取り扱いにより、「**フィジカルPPA**」と「**バーチャルPPA**」に分けられます。フィジカルPPAは、発電事業者が送配電事業者を通じて需要家に電力を供給する形態です。一方、バーチャルPPAは、発電事業者が小売電気事業者を通じて需要家に環境価値だけを提供する形態です。電力は別途、小売電気事業者から購入します。

需要家が発電事業者から環境価値の提供を受けることで、CO_2排出削減に貢献でき、同時に対外的なPRにもなります。取引条件にCO_2排出削減を求める米Appleなどの企業もあり、**ESG投資**も活発化しているので、PPAは今後も拡大していくでしょう。

環境価値
再エネから発電した電気は、化石燃料で発電した電気と比べ、生産過程でCO_2を排出していないという価値（環境価値）をもつ。

フィジカルPPA
日本では現在、フィジカルPPAが主流。PPAはPower Purchase Agreementの略。

バーチャルPPA
発電事業者が発電した電気は市場に売却され、需要家が購入する電気は発電所に特定されない。一方、環境価値は発電事業者から小売電気事業者を通じて需要家に販売される。

ESG投資
→P.30参照。

▶ オンサイト PPA の契約形態

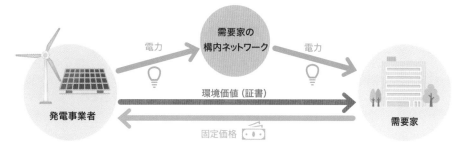

出典：自然エネルギー財団「日本のコーポレート PPA 契約形態、コスト、先進事例」(2021 年 11 月) をもとに作成

▶ オフサイト PPA の契約形態

～フィジカル PPA～

～バーチャル PPA～

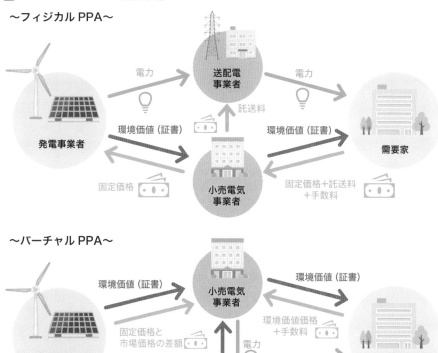

出典：自然エネルギー財団「日本のコーポレート PPA 契約形態、コスト、先進事例」をもとに作成
出所：経済産業省「資料 3-2 再エネ価値取引市場について」(2021 年 11 月 29 日) を参考に作成

Chapter3 09

電力需給バランスを調整する司令塔のアグリゲーター

再生可能エネルギー（再エネ）の普及に伴い、需要家が電力需要を管理し、需給バランスを調整するデマンドレスポンス（DR）（P.55参照）が求められています。アグリゲーターは、その需要家を束ねる役割を担っています。

● 電力網の変革で求められるデマンドレスポンス

これまで電力は、大規模な発電所で発電され、送配電網を通じて需要家に供給されてきました。しかし、再エネが普及したことで、家庭や工場、企業など、中小規模の多様な**エネルギーリソース**が需要家側にも分散するようになりました。

電力は需要と供給を常に一致させ続けなければなりませんが、従来、その役割は大規模な発電所などが担っていました。再エネが普及した新しい電力網では、需要家側も電力の需要量を管理することで、需給バランスの確保に貢献できます。これらの分散型電源（P.54参照）を電力網に組み込み、活用しようとする取り組みのなかで、求められるのがデマンドレスポンス（DR）です。

● 需要家を取りまとめるアグリゲーター

デマンドレスポンスでは、電力を使う需要家が需要を管理し、使用量を調整しなければなりません。その際に各需要家が、電力会社からの日々の調整依頼に対応し続けることは困難です。また1つひとつの需要家の規模は小さいため、大きな効果を発揮するためには多数の需要家を束ねる「**アグリゲーター**」が必要です。

たとえば、夏の猛暑日や冬の寒い日などに電力需要が急激に高まり、供給がひっ迫すると、需要の抑制が必要になります。その際に電力会社は、各需要家に節電の依頼を出すことに加え、アグリゲーターに需要を下げる要請を出します。

それを受け、アグリゲーターは管轄する需要家に対し、使用量を抑える指令を出します（下げDR）。各需要家の協力により抑えられた電力（**ネガワット**）は、アグリゲーターが取りまとめ、電力会社へ提供されます。

エネルギーリソース
太陽光・風力などの再エネによるエネルギー源、家庭用燃料電池（エネファーム）や蓄電池、各家庭で保有する電気自動車（EV）といったものが、エネルギーリソースの代表例。

アグリゲーター
英語の「aggregate（集める）」をもとにした造語で、需要家と電力会社の間に立ち、電力の需給バランスの管理や、各需要家のエネルギーリソースの活用に取り組む事業者のこと。「特定卸供給事業者」とも呼ばれる。

ネガワット
マイナスの電力消費を意味する「ネガティブ」と電力の単位の「ワット」を組み合わせた言葉で、節電や自家発電によって得られた余剰の電力のこと。対義語の「ポジワット」は電力消費を意味する。

▶ 新しい電力網による電力需給のイメージ

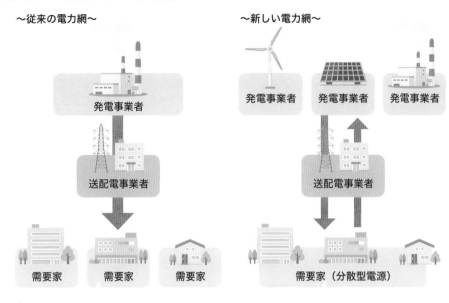

〜従来の電力網〜

発電事業者

送配電事業者

需要家　需要家　需要家

経済性の高い大規模な発電所を
大手電力会社が一括で運営し、
大規模電源からの一方向の供給

〜新しい電力網〜

発電事業者　発電事業者　発電事業者

送配電事業者

需要家（分散型電源）

電源に再エネや小規模電源、
需要家の自家発電設備などが加わり、
大規模電源と分散型電源が双方向に供給

出典：資源エネルギー庁「これからの需給バランスのカギは、電気を使う私たち〜『ディマンド・リスポンス』とは？」(2022-12-02)
を参考に作成

▶ アグリゲーターの役割

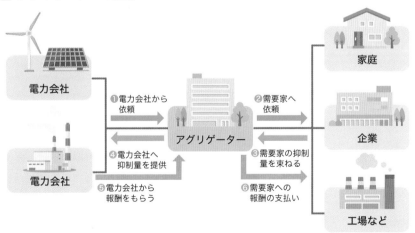

電力会社

電力会社

アグリゲーター

①電力会社から
依頼

④電力会社へ
抑制量を提供

⑤電力会社から
報酬をもらう

②需要家へ
依頼

③需要家の抑制
量を束ねる

⑥需要家への
報酬の支払い

家庭

企業

工場など

出典：資源エネルギー庁「電力の需給バランスを調整する司令塔『アグリゲーター』とは？」(2022-12-09)を参考に作成

Chapter3
10

EVのさらなる普及に不可欠な充電インフラの整備

電気自動車（EV）の普及に欠かせないのが充電設備のインフラです。日本政府は2035年までに、乗用車の新車販売でEV100%という目標を掲げ、充電設備の普及を進めていますが、インフラ整備には課題もあります。

EVの電力の活用

EVは、ガソリンなどの化石燃料を使わず、電気で駆動するため、**クリーンな自動車**といわれています。しかし、火力発電で発電した電気を使っているのであれば、完全にクリーンとはいえません。太陽光や風力などの再生可能エネルギー（再エネ）由来の電気を使うことで、完全なクリーン自動車が実現します。

EVは、エネルギーインフラの一端を担うものとしても期待されています。これは、日中に太陽光などで発電した電気をためておけるからです。EVを活用することで、電力網の安定と電気の効率利用が可能になります。

EV普及の課題となる充電インフラの整備

EVの普及には、充電設備のインフラ整備が不可欠です。充電設備には、**普通充電器**と**急速充電器**があります。一般的に普通充電器は、家庭やオフィスなどで使われている交流電源をそのまま使う形式で、EVを8割充電するのに8～10時間が必要とされます。これに対し、高い電圧により30分程度で充電できるのが急速充電器です。急速充電器は、直流電源で充電を行います。

急速充電器は現状、初期コストが高いため、普及が進んでいません。日本政府は2030年までに、公共用の急速充電器3万基を含めた充電インフラを15万基設置するという目標を掲げ、インフラ整備を支援するための補助金交付などを行っています。急速充電器の規格には、日本主導の CHAdeMO 規格、欧州で普及しているCCS規格、米テスラが開発しているテスラ規格などがあります。複数の規格で相互接続ができる共通規格の開発も進められており、充電インフラのさらなる拡充が期待されます。

クリーンな自動車
ただし、EVやバッテリーなどの製造にはCO_2が排出されている。

普通充電器
電圧は200Vか100V、出力は3kWや6kWなどの仕様がある。

急速充電器
高速道路のサービスエリアやパーキングエリア、道の駅、コンビニエンスストアなどに設置されている。

CHAdeMO規格
日本の自動車メーカーや電力会社などが中心となって定めたEV用の急速充電規格。当初の50kW出力から、最近では350kW出力なども登場している。2014年4月のIEC（国際電気標準会議）で、EV用急速充電規格の国際基準に承認。

充電インフラの分類

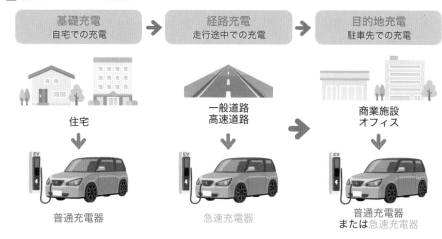

出典：日本自動車研究所「日中新エネ自動車と充電インフラ共同研究成果報告」（2016.11）
出所：東京消防庁「第2章 急速充電設備の概要調査」を参考に作成

充電設備の補助金交付台数の推移

※V2Hは2012～19年度までは「普通充電器」として集計。20年度以降は新たな補助スキームによるV2H充放電設備として単独で集計
※コンセントタイプの充電設備は「普通充電器」に集計
※課金機の交付台数は集計には含まない
出典：一般社団法人 次世代自動車振興センター「都道府県別補助金交付状況 充電設備」のデータをもとに作成

Chapter3 11

再エネ普及の段階的措置として 市場動向を取り入れた FIP 制度

再生可能エネルギー（再エネ）で発電を行う発電事業者は、卸電力取引所や小売電気事業者などに電力を販売して収益を得ます。その際、販売価格に一定の「プレミアム」（補助額）が上乗せされるのが FIP 制度です。

FIT 制度によりメガソーラーが急拡大

　再エネで発電した電力を電力会社が 20 年間、一定価格で買い取ることを保証する制度が固定価格買取（FIT）制度です。FIT 制度では、電力会社が電力を買い取る価格の一部を、需要家から賦課金として回収することで原資を賄っています。太陽光や風力などの発電種別で買取価格が決められており、技術開発や増産などによる価格低下に合わせ、買取価格も下げていくしくみです。

　この制度で発電事業者は、発電設備の建設コストについて、回収の見通しが立てやすくなりました。FIT 制度の開始後、急拡大したのが事業用の大規模太陽光発電です。1,000kW を超える発電システムはメガソーラーと呼ばれ、全国各地に建設されました。

市場動向に応じて買取価格が変動する FIP 制度

　FIT 制度で発電事業者は、「いつ」「どれだけ」発電しても、決まった価格で電力を買い取ってもらうことができました。いわば、市場動向から保護されていたのです。2012 年の制度開始以降、再エネが普及した現在、電力の市場動向を反映する段階的な措置として 2022 年から FIP（Feed-in Premium）制度が開始されました。

　FIP 制度は、再エネで発電した電力の販売価格に対し、一定の「プレミアム（補助額）」を上乗せし、再エネ導入を促進するしくみです。プレミアムは、電力を市場で販売する際に上乗せされる補助額で、その金額は「基準価格（FIP 価格）」と「参照価格（市場における期待収入）」の差額によって決まります。FIP 制度では、買取価格が時間帯や季節によって変動するだけではなく、気候変動や市場価格の下落などの影響を受けやすいため、長期的な利益の予測が困難になり、参入ハードルは高くなったといえます。

メガソーラー
1MW（メガワット）以上の出力をもつ太陽光発電システムのこと。主に自治体や民間企業の主導により、空き地、堤防、埋立地、ビルや学校の屋上などに設置されている。

基準価格（FIP 価格）
FIP 制度における電力販売の基準となる価格。再エネで発電した電力が効率的に供給される場合の見込み費用を基準に、さまざまな事情を考慮して設定される。

参照価格
市場で販売した際に期待できる収入分。市場価格に連動し、1 か月単位で見直される。

▶ 固定価格買取（FIT）制度のしくみ

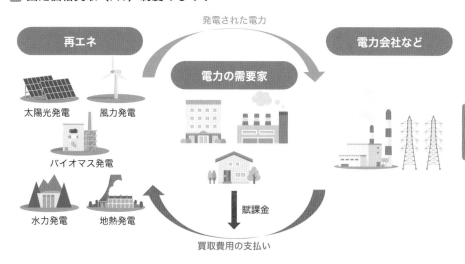

発電された電力

再エネ

太陽光発電　風力発電

バイオマス発電

水力発電　地熱発電

電力の需要家

電力会社など

賦課金

買取費用の支払い

出典：資源エネルギー庁「再生可能エネルギー固定買取制度ガイドブック2018年度版」をもとに作成

▶ FIP制度のプレミアムのしくみ

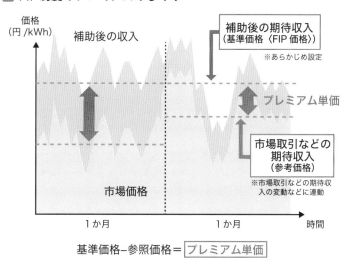

価格
（円/kWh）

補助後の収入

補助後の期待収入
（基準価格〈FIP価格〉）

※あらかじめ設定

プレミアム単価

市場取引などの
期待収入
（参考価格）

※市場取引などの期待収
入の変動などに連動

市場価格

1か月　　　1か月　　　時間

基準価格−参照価格＝ プレミアム単価

出典：資源エネルギー庁「再エネを日本の主力エネルギーに！『FIP制度』が2022年4月スタート」（2021-08-03）をもとに作成

Chapter3 12

FIT満了により活性化する プロシューマーによるビジネス

再生可能エネルギー（再エネ）の普及により、電力の生産者（プロデューサー）であり消費者（コンシューマー）でもある「プロシューマー」が登場しました。プロシューマーの増加は、新たなビジネスチャンスとなり得ます。

FIT制度満了で生まれる新たなビジネスチャンス

卒FITプロシューマー
FIT制度の期間満了を迎えるプロシューマーを卒FITプロシューマーと呼ぶ。

プラットフォーム
電力やガスなどのエネルギーデータの収集・分析・最適化を行うサービスやアプリなどを提供するビジネスが想定される。

地域経済循環分析
分析用データを活用し、市町村の生産・分配・支出の統一的な分析を可能にする手法。市町村のエネルギー消費量などのデータと組み合わせて分析することで、地域の環境政策と経済政策を統合した分析が可能となる。

ブロックチェーン技術
ネットワーク上のコンピューターを直接接続し、暗号化技術によって取引記録などを分散して処理・保存する技術。改ざんや不正などが困難で、さまざまな分野で活用されている。

　再エネの固定価格買取（FIT）制度（P.78参照）が2019年11月から順次満了（卒FIT）を迎え、2019年11〜12月では約53万件が満了となりました。その後も毎年約20万超の件数で満了していく見込みです。これにより、自宅の太陽光パネルなどで発電した電力を、生活で消費するだけではなく、余った電力を電力会社などに販売する「**卒FITプロシューマー**」が増えていきます。

　こうしたプロシューマーの増加には、いくつかのビジネスチャンスが考えられます。まず1つは、プロシューマーが余った電力を蓄えるための蓄電システムです。もう1つは、プロシューマーが電力を効率的に管理するための**プラットフォーム**です。このプラットフォームを使うことで、プロシューマーは余剰エネルギーを管理し、ほかの消費者に販売するビジネスも登場するでしょう。

プロシューマーが地域経済圏で果たす役割

　環境省の**地域経済循環分析**によると、地域のエネルギー収支は二極化しているとされています。発電所や変電所などの電力供給設備が設置されている地域では、域外からの流入額が上回っていますが、そうでない地域はエネルギー資源を域外に依存し、流出超過となっています。そこで、地域内での経済循環を促進するためのしくみとして、プロシューマーの電力を同じ地域内の消費者に販売し、得られた対価を地域経済圏で消費するというエコシステムに注目が集まっています。昨今、**ブロックチェーン**技術を活用し、地域内の経済循環のために地域通貨を使うという試みもあり、新たな技術やエコシステムを取り入れることで、新しいビジネスが生まれつつあります。

▶ 卒FITプロシューマーの推移の見込み

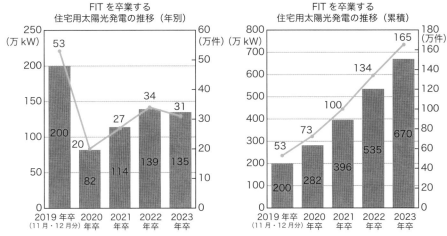

FITを卒業する
住宅用太陽光発電の推移（年別）

FITを卒業する
住宅用太陽光発電の推移（累積）

出典：費用負担調整機関への交付金申請情報、設備認定公表データをもとに作成。一部推定値を含む
出所：資源エネルギー庁「資料3 住宅用太陽光発電設備のFIT買取期間終了に向けた対応」（2018年9月12日）をもとに作成

▶ プロシューマーと需要家をつなぐプラットフォームのイメージ

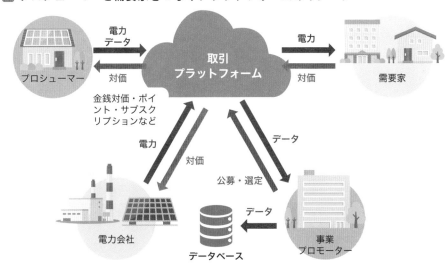

出所：東京都「令和2年度 次世代電力システムによる電力データ活用モデル構築に向けた実証事業」を参考に作成

日本の電力の起死回生は
マイクログリッド

自給率が低く、電力供給に課題がある日本

近年、エネルギーに関する危機感が世界的に高まっています。背景としては地球温暖化の問題やウクライナ情勢などがありますが、とりわけ日本ではエネルギー自給率の低さが大きな課題となっています。

エネルギー自給率が低いことのリスクは、国際情勢の悪化などでエネルギーの供給国に何らかの問題が発生すると、輸入国ではエネルギー供給が停止してしてしまう可能性があることです。

資源エネルギー庁による2019年度の統計では、日本のエネルギー自給率は12.1％しかありません。

一方で、日本の電力システムの基本的なしくみは、山間部や海外沿いに大規模な発電所を立て、都市部までの距離を送電するものです。このしくみは、第二次世界大戦後の復興から高度経済成長の時代の、電力需要が右肩上がりで増えていた時期には適していました。できるだけ規模の大きい発電所や電源設備を設置することに経済性があったからです。

ところが現在、日本の経済成長は鈍化し、人口も減少しています。また、環境問題への意識が高まるなか、火力発電や原子力発電に対する反発も強まっています。

電力システムを変革するマイクログリッド

そんななかで注目されているのが「マイクログリッド」（P.230参照）です。具体的には、太陽光、風力、バイオマスなど、地域に存在するエネルギーを集約し、統合・管理して、同じ地域内で利用する分散型のエネルギーシステムです。従来の電力（火力発電所や原子力発電所などで発電される電力）を必要とせず、システム内に蓄電池などを組み込むことで安定供給も可能になります。これにより、エネルギー供給のリスクが分散され、エネルギーの自給率の向上にもつながります。

筆者は、この時代の変わり目において、マイクログリッドが電力事業のあり方を変えるのではないかと考えています。10年先の電力システムはMG（マイクログリッド）がベースになっているかもしれません。

第 **4** 章

電力会社の仕事と組織

電気は生活や産業に欠かせないものであり、発電・送配電・小売の各部門でさまざまな人が活躍しています。特に、安定供給と需給バランスを確保するため、設備の監視や点検、メンテナンスが重要視されます。ここでは、電力会社の組織構成と各部門の主な仕事、求められる人材などについて解説します。

Chapter4 01

小売と発電は競争事業になり
送配電は非競争事業として独占

2016年の小売全面自由化以降、大手電力会社は各部門を事業会社として分社化し、需要家と契約を行う小売電気事業会社、電気を安全かつ安定的に届ける一般送配電事業会社、発電を行う発電事業会社に分割されました。

電気を売る小売事業と電気を届ける送配電事業

インバランス料金
需要インバランスと発電インバランスの2種類があり、需要（発電）計画と需要（発電）実績の差分（インバランス）に対して、一般送配電事業者から請求や支払いが行われる料金のこと。

小売電気事業会社は、発電所やJPEX（P.58参照）から電気を仕入れ、需要家に販売（小売）する事業会社です。電気の必要量を30分単位で予測し、事前に調達（仕入）を行って需要家に販売します。必要量を完全に予測することは困難で、過不足が生じた場合は割増料金（インバランス料金）を送配電事業会社に支払います。組織構成は、需要家に料金提案を行う営業部門、電力需要を予測して調達を行う需給管理部門、電気料金の計算やカスタマーサービスを担う顧客管理部門に大別されます。

一般送配電事業会社
コストは託送料金として小売電気事業者や発電事業者から回収している。託送料金は鉄塔や電柱などの利用料として、発電事業者や小売電気事業者が一般送配電事業者に支払う。需要家が支払う電気料金に含まれている。

一般送配電事業会社は、変電所、電線、電柱などを管理し、発電所から需要家に電気を届ける事業会社です。送配電設備は社会インフラでもあるため、非競争領域と位置付けられ、地域独占が続いています。組織構成は、送電線の維持・管理を担う送電部門、変電所の維持・管理を担う変電部門、電柱や地中配電線の設備を扱う配電部門、発電所や制御所などをつなぐ通信設備を扱う通信部門、電気の「同時同量」（P.54参照）を維持するために発電所に給電指令を出す需給運用部門があります。

発電を行う発電事業

給電指令
一般送配電事業者が地域内の発電設備に対して出力の指令を出すこと。電気の安定供給のためには発電設備と送配変電設備を一体的に運用することが不可欠であり、給電指令所および制御所がその役割を担っている。

発電事業会社は、石油や石炭、天然ガスなどの燃料を用いて発電所を運用し、小売電気事業者やJPEXを通して電気を販売する事業会社です。再生可能エネルギー（再エネ）の発電設備のみを運用する事業者もあります。ただし、原子力発電は事業会社に移管されず、親会社の事業範囲です。組織構成は、燃料調達を担う部門、発電所の運用計画を立案して電気の販売先と交渉する部門、発電所の管理・保守を担う部門に大別されます。

▶ 東京電力の組織図の例

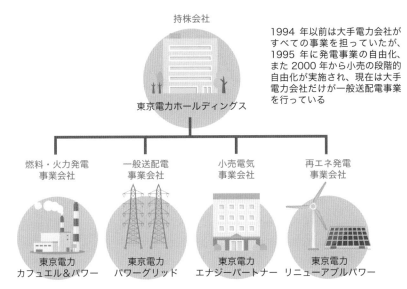

1994 年以前は大手電力会社がすべての事業を担っていたが、1995 年に発電事業の自由化、また 2000 年から小売の段階的自由化が実施され、現在は大手電力会社だけが一般送配電事業を行っている

出典：東京電力リニューアブルパワー株式会社「組織図」を参考に作成

▶ 関西電力の組織図の例

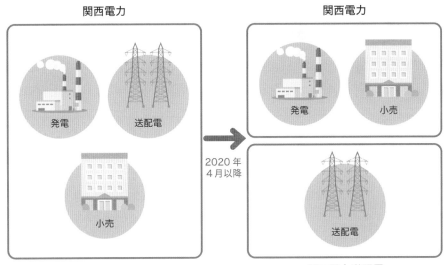

出典：関西電力送配電株式会社「関西電力からの分社化」を参考に作成

Chapter4 02

発電所の運用や点検とともに ゼロエミッション火力にも挑戦

発電部門は発電種別ごとに、火力、水力、原子力、再生可能エネルギー（再エネ）などに分かれます。各部門では発電所の開発や建設計画、将来の技術開発などに加え、発電所の安定稼働のための点検も行っています。

ゼロエミッション火力
発電の燃料を、CO_2を排出する石炭ではなく、アンモニアや水素（どちらも燃焼時にCO_2を排出しない）に切り替えて発電を行うこと。

相対契約
1年間などの期間にわたり企業間で個別に取り決めた価格の契約のこと。

海外情勢に左右されやすい燃料調達

火力発電所では、燃料として使う石炭、石油、天然ガスなどを安定して調達することが重要です。このため、燃料の買い付けは発電所の特性を熟知した経験者が担当します。調達方法は、燃料の権益保有者との相対契約、他社との共同購入、共同発電会社の立ち上げによる大量調達などさまざまです。また調達期間は、電力需要の見通しや、貯蔵できる燃料の量で決められています。

日本は原油の約90％を中東諸国から輸入しているため、中東情勢などで原油価格が上がると燃料価格も上昇します。一方、石炭やLNG（液化天然ガス）は、オーストラリアや東南アジアからも輸入しており、輸入相手国の偏りが少ない燃料です。

発電所の建設・運用・点検

火力や原子力などの大規模発電所を建設する際には、地形や地質などの調査を行い、安全性や経済性、環境保全などに配慮した設計・工事を行います。そのため、電気工学に限らず、工業化学や土木工学、建設工学の知識が必要とされます。また、発電設備の設計や運転の管理においては、機械工学、電子工学、制御工学といった幅広い知識が必要とされています。

発電シミュレーション
発電設備の補修や点検の日時、投入燃料、外的要因による運転条件の変更などを踏まえて再計算を行い、発電の損失・費用のシミュレーションや補修時期の策定などを行う。

大規模発電所には法律で定められた定期点検があり、一定の期間ごとに発電設備を停止して分解・点検を行います。運転期間中は、24時間体制での監視・巡回体制と、3交代の当直体制で安定稼働を維持しています。また日中には、設備の補修や巡視点検を行いますが、化石燃料は産地や混合率により、燃焼時に得られる熱量や排出される硫黄分などが異なるため、発電シミュレーションを行い、燃料投入量の調整や運転計画の変更も行っています。

▶ 火力発電所の点検の様子

火力発電の多くを占める汽力発電は、蒸気の膨張力を利用した発電方式。重油や石炭、LNGなどを燃焼した熱で高温・高圧の蒸気をつくってタービンを回し、タービンにつないだ発電設備を動かして発電する

画像提供：iStock / arogant

▶ 石炭火力発電の発電コストの内訳

石炭火力発電コスト（2030年）
13.6～22.4円/kWh
（政策経費を除いた場合：13.5～22.3円/kWh）

石炭火力発電コスト（2020年）
12.5円/kWh
（政策経費を除いた場合：13.5～22.3円/kWh）

		2020年	2030年	STEPS[※1]	SDS[※2]
社会的費用	CO₂対策費用	**3.9**	●CO₂対策費用（3.9円/kWh） 火力発電からのCO₂排出量に相当する排出権を購入するとした場合の費用 ・総額約3,630億円（1基、40年分）	●CO₂対策費用（5.0円/kWh） 火力発電からのCO₂排出量に相当する排出権を購入するとした場合の費用 ・総額約4,615億円（1基、40年分）	政策経費 0.1 CO₂対策費用 **5.0**	政策経費 0.1 CO₂対策費用 **14.3**
発電原価	燃料費	**4.4**	●燃料費（4.3円/kWh） 石炭の調達費用 ・総額約4,062億円（1基、40年分）	●燃料費（4.3円/kWh） 石炭の調達費用 ・総額約4,019億円（1基、40年分）	燃料費 **4.4**	燃料費 **3.7**
	運転維持費	**2.3**	●運転維持費（2.3円/kWh） 人件費、修繕費、諸費、一般管理費 ・総額約2,152億円（1基、40年分）	●運転維持費（2.3円/kWh） 人件費、修繕費、諸費、一般管理費 ・総額約2,152億円（1基、40年分）	運転維持費 **2.3**	運転維持費 **2.3**
	資本費	**2.0**	●資本費（2.0円/kWh） 建設費、固定資産税1.4%、設備廃棄費用（建設費の5%） ・総額約1,853億円（1基分）	●資本費（2.0円/kWh） 建設費、固定資産税1.4%、設備廃棄費用（建設費の5%） ・総額約1,853億円（1基分）	資本費 **2.0**	資本費 **2.0**

※1：IEA「World Energy Outlook 2020」の「公表政策シナリオ」による将来のCO₂対策費用と燃料価格の推計
※2：IEA「World Energy Outlook 2020」の「持続可能開発シナリオ」による将来のCO₂対策費用と燃料価格の推計
出典：資源エネルギー庁「電気をつくるには、どんなコストがかかる？」（2021-12-28）をもとに作成

Chapter4 03

安定した電気を安全に届けるのが 送電・変電・配電の使命

電気の送電・変電・配電事業者は、あらゆる人の暮らしや産業の根幹となる電気を、安全・確実に届け続けることが使命です。そのための電気設備の建設と保守・管理、送配電設備に流れる電気のコントロールを行っています。

送電設備の保守や鉄塔を活用した事業などを行う

発電された電気は送電線で送られ、変電所で使いやすい電圧に変換されて、配電線を通って需要家まで届きます。発電でつくられた電気を高電圧で効率よく送るのが送電であり、東京電力管内の送電線の長さは、およそ地球1周分に及びます。それを支持する鉄塔は、同管内で約44,700基あります。これらの鉄塔の塗装や送電線の点検などの保守に加え、携帯電話用のアンテナの設置など、鉄塔を活用した収益の拡大にも取り組んでいます。

都市部では現在、地中送電が主流で、地域開発などに合わせて地中送電線の敷設と保守を行っています。また、大量の電気を効率よく送るため、送電線の技術開発も進められています。

電圧を変換する変電設備と電気を届ける配電設備

変電所とは、電気を効率よく送電するため、電気の流れを制御し、電圧を変換する施設です。高電圧の電気は、発電所から送電線によって送られたあと、需要地に近づくにつれて電圧が段階的に下げられ、需要家で使われる66,000Vや6,600Vまで下げられます。変電所も地域開発などに合わせて建設され、運用開始後も変圧器や遮断機などの主要設備の保守・更新を行っています。

配電は、最終的な需要家まで電気を送り届けることです。配電設備の点検を行う要員は、停電時には原因箇所を特定し、設備の改修や飛来物の除去など、素早い復旧作業にも努めています。また配電部門は、国や自治体と協力して地中化も進め、また需要家が電気を快適に使える環境も整えています。たとえば、家庭内の停電の原因調査や電気配線診断、電柱への街路灯の設置受付、再生可能エネルギーの買取手続きなどのサービスも行っています。

高電圧
電圧が高いほど電力損失を低く抑えることができ、効率よく電気を送ることができる。

地中送電
東京23区内では9割以上にあたる約6,700kmの送電線が地中化されている。

変電所
一部の変電所では、周波数の変換を行い、周波数の異なるエリアとの送受電も行っている。

配電
配電線は、東京電力管内では、電柱で支持する架空配電線と、地中に埋設した地中配電線を合わせて約36万kmに及ぶ。

▶ 送電鉄塔の構造のイメージ

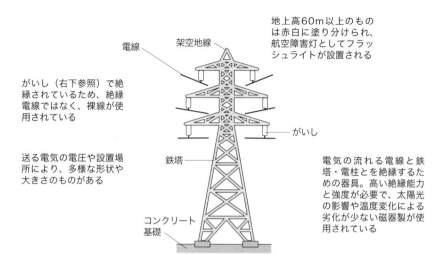

電線

架空地線

地上高60m以上のもの
は赤白に塗り分けられ、
航空障害灯としてフラッ
シュライトが設置される

がいし（右下参照）で絶
縁されているため、絶縁
電線ではなく、裸線が使
用されている

がいし

鉄塔

送る電気の電圧や設置場
所により、多様な形状や
大きさのものがある

コンクリート
基礎

電気の流れる電線と鉄
塔・電柱とを絶縁するた
めの器具。高い絶縁能力
と強度が必要で、太陽光
の影響や温度変化による
劣化が少ない磁器製が使
用されている

出典：中部電力株式会社「送電のしくみ 架空送電」を参考に作成

▶ 送配電網の構成のイメージ

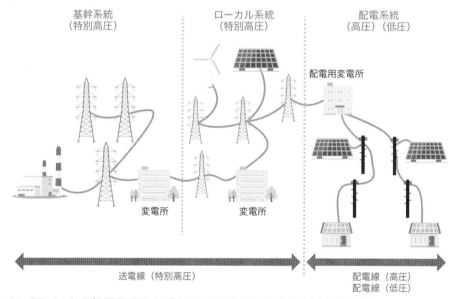

基幹系統
（特別高圧）

ローカル系統
（特別高圧）

配電系統
（高圧）（低圧）

配電用変電所

変電所

変電所

送電線（特別高圧）

配電線（高圧）
配電線（低圧）

出典：資源エネルギー庁「発電設備の設置に伴う電力系統の増強及び事業者の費用負担等の在り方に関する指針」
出所：電力広域的運営推進機関（OCCTO）「電力ネットワークの仕組み」を参考に作成

Chapter4 04

需給計画を的確に立て 需給が常に一致するよう監視

需要家が電気を使うために契約を行うのは小売電気事業者です。小売電気事業者は、販売する電気を複数の方法で調達します。電気の需要と供給は常に一致させておく必要があり、この需給管理も小売電気事業者の役割です。

電気を調達する3つの方法

広域機関
電力広域的運営推進機関のこと。すべての電気事業者が会員となり、電源（発電所）や送配電設備を全国で効率的に運用することを目的に、中立的立場から系統運用に関する調整や情報公開などを行っている。

コマ
1日を30分ごと48に区切った単位を「1コマ」という。1日48コマ、1年17,520コマで取引を行う。取引の単位は電力量（kWh）。

ポジション作成
電気や燃料の取引で、数量・価格・期間が固定されている部分と変動する部分を明らかにすること。

常時バックアップ
新電力が旧一般電気事業者から継続的に電力の供給を受けるしくみ。需要家への電力供給のため、新電力が自社で十分な電源を保有できない場合に利用される。

電気には「同時同量」の原則（P.54参照）があり、ためることができないため、日々変化する需要に合わせて発電しています。需要家は基本的に使いたいときに（契約の範囲内で）使いたいだけ電気を使えますが、発電側はその変化に追従する必要があります。また小売電気事業者は、需要家の使用量（需要量）を予想し、需給計画として広域機関に提出します。そして、その計画に基づき、必要な電気を、①発電事業者との相対契約、②発電事業者が販売先を指定せずに取引する卸電力取引所（JEPX）からの調達、③自社電源、のいずれかの手段で調達します。

JEPXではコマごとに取引が可能なため、需要と供給の原理で、電気が多く使われる（需要が多い）時間帯は比較的高値で、需要が少ない時間帯は比較的安価で取引される傾向があります。

需要予測に基づき電源を割り当て、需給を監視

需給管理のなかでも需要予測は、過去の実績値をもとに平日・休日や気温などの外部要因を加味し、データを補正して確定させます。工場などの高圧の需要家であれば、休暇期間なども考慮する必要があります。需要予測が確定したら、次に調達する電源を割り当てます（ポジション作成）。このとき、自社電源、相対契約（前項①）、常時バックアップ、FIT（P.78参照）制度電源などを割り当て、過不足は電力取引の追加で調整します。そのうえで、翌日の需給計画を確定して広域機関に提出し、事業者に求められる計画値の「同時同量」に対応します。当日は監視業務を行いますが、予想が外れそうな場合もインバランス（右図参照）が発生しないよう、追加の電力取引を通じて調整を図ります。

▶ 電力取引のバランシンググループ

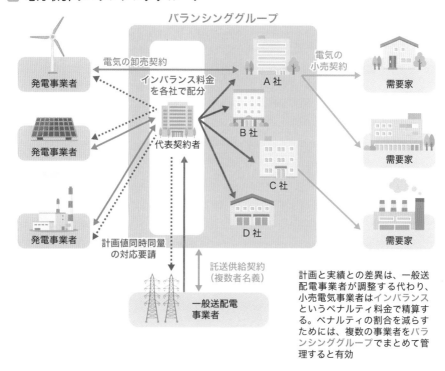

計画と実績との差異は、一般送配電事業者が調整する代わり、小売電気事業者はインバランスというペナルティ料金で精算する。ペナルティの割合を減らすためには、複数の事業者をバランシンググループでまとめて管理すると有効

出典：経済産業省 電力・ガス取引監視等委員会「電力の小売営業に関する指針」を参考に作成

▶ 小売電気事業者が提出する計画

提出する計画		年間計画 （第1〜第2年度）	月間計画 （翌月、翌々月）	週間計画 （翌週、翌々週）	翌日計画	当日計画
提出期限		毎年10月末日	毎月1日	毎週火曜日	毎日午前12時	30分ごとの実需給の開始時刻の1時間前
提出内容	需要電力	各月平休日別の需要電力の最大値および最小値	各週平休日別の需要電力の最大値および最小値	日別の需要電力の最大値と予想時刻および最小値と予想時刻	30分ごとの需要電力量	
	調達計画	各月平休日別の需要電力の最大値および最小値発生時の調達分の計画値	各週平休日別の需要電力の最大値および最小値発生時の調達分の計画値	日別の需要電力の最大値および最小値発生時の調達分の計画値と予想時刻	30分ごとの調達分の計画値	
	販売計画	各月平休日別の需要電力の最大値および最小値発生時の販売分の計画値	各週平休日別の需要電力の最大値および最小値発生時の販売分の計画値	日別の需要電力の最大値および最小値発生時の販売分の計画値と予想時刻	30分ごとの販売分の計画値	

出典：電力広域的運営推進機関（OCCTO）

電力システムと電力網を支える発電所と再エネ発電設備の連携

Chapter4 05

電力網の整備や運用などの方法は、時代とともに変わってきています。再生可能エネルギー（再エネ）の普及により、ノンファーム型接続、メリットオーダー、出力制御などが新たな試みとして行われています。

変革期を迎える電力網の整備

1960年代以降、国内の電力網の整備は、経済成長により増加する電力需要を満たす目的で実施され、需要地から比較的離れた大規模電源を結ぶ形態で進められてきました。その後も電力需要は伸び続けましたが、2000年代以降はほぼ横ばいになり、2011年の東日本大震災以降は、節電の浸透などで減少傾向にあります。

今後、再エネ導入を加速させるうえで、再エネの適地と需要地をどう効率的に結ぶかが課題となります。具体的には、送電網を増強しなくても接続できるノンファーム型接続が基幹系統から始まるとともに、電力網の運用（混雑管理）は、先着優先からメリットオーダー（ONE POINT参照）へ変わりつつあります。

大規模発電所と再エネ発電設備との連携

送配電線に流す電気の量は、主に熱容量で決まります。従来は大規模発電所から需要家に向け、電気の流れが一方向であったため、末端に行くほど電気が少なくなり、それに合わせて設備形成がされていました。一方、再エネ発電設備は、土地価格が安く、電力需要密度が低い地域に設置されることが多く、送電線の容量が不足する事態が発生しています。この課題について、送電線の増強には費用と時間が必要であり、一方で再エネ利用率は高くないことから、容量不足の際に発電出力を抑制して系統連系を優先する「ノンファーム型接続」が取り入れられています。また、再エネは天候などに左右されるため、「同時同量」の原則（P.54参照）が担保できない場合があります。逆に、再エネの出力と火力発電所などの制御可能電源の最低出力の合計が、各エリアの電力需要を超過しそうな場合は、再エネの出力を抑制します。

熱容量
電線に電気が流れると温度が上昇するため、上限温度により決まる電流の制限値のこと。

系統連系
送配電線に発電設備を接続すること。再エネ発電設備を設置して発電事業（売電）を行う場合や、家庭の屋根上に太陽光発電設備を設置する場合も系統連系に該当する。

ノンファーム型接続
電力系統の容量をあらかじめ確保せず、電力系統の容量に空きがあるときに活用し、再エネなどの新しい電源を接続する方法。

制御可能電源
火力、水力、バイオマスなどの出力増減が任意にできる電源のこと。再エネを最大限に活用するため、再エネの出力が多い時間帯は、これらの電源の出力を下げて運転する。

▶ ノンファーム型接続の活用

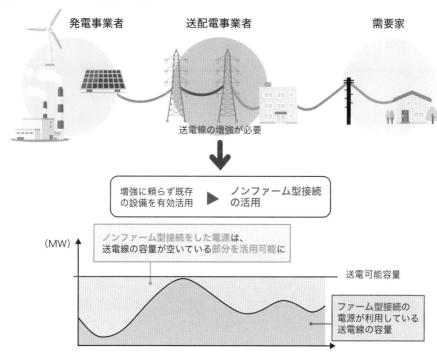

出典：資源エネルギー庁「再生可能エネルギー大量導入・次世代電力ネットワーク小委員会（第20回）資料」より抜粋（一部修正）
出所：資源エネルギー庁「再エネをもっと増やすため、「系統」へのつなぎ方を変える」（2021-03-25）をもとに作成

🖋 ONE POINT

メリットオーダーによる運転コストを抑えた発電

発電所については、接続した順番ではなく、市場価格が安い（≒運転コストが安い）
電源から順番に運転したほうが全体的なコストを抑えられます。このように、運転
コストを優先して電力システムを使うことを「メリットオーダー」といいます。混
雑が見込まれる場合、電力システムを運用する一般送配電事業者からの出力制御の
指示に基づき、運転コストの高い順番に出力を下げることで、送変電設備の容量の
範囲内に収めるようにします。こうして、運転コストの低い電源を優先的に使って
発電するメリットオーダーでの発電が実現します。

日本では電気設備全般の「自主保安」が原則

発電設備については発電事業者が、送電設備・配電設備・変電設備については一般送配電事業者が管理・メンテナンスを行っています。停電を発生させないための巡視・点検が徹底されています。

電気設備の維持・運用のルールを自ら定める

電気設備全般について、日本の法制度では「自主保安」の考え方が原則となっています。送配電事業者は経済産業大臣の認可を受けて事業を行いますが、設備を維持・運用していくための保安規程を自ら定め、届出をする必要があります。この規程をもとにマニュアルなどを整備し、保守・メンテナンスを実施しています。

保安規程やマニュアルは、電気事業法ならびに電気事業法施行令に紐づく電気事業法施行規則、電気関係報告規則、各技術基準、技術基準の解釈などをもとに更新されています。これに加え、民間規格である架空送電規程や配電規程などのJEC規格、電気学会や関連研究の報告なども参考にしています。

発電設備や送配電設備の点検と補修

電気事業法施行規則第94条では、火力発電設備の定期点検について、蒸気タービンは4年、ガスタービンは3年、ボイラー設備は2年ごとに行うことを規定しています。そのため、ほかの発電所と点検時期を調整し、重負荷期に重ならないように計画しています。稼働中も巡回点検を行っており、異常を察知した際は、異常個所を切り離して修復するなどの補修作業を実施します。

送配電設備の不具合は停電に直結するため、送配電事業者は定期的に設備の巡視・点検を行います。ただ、設備不良が原因の停電は25%以下であり、最大の原因は樹木や鳥獣などの接触によるものです。そのため、送配電事業者は設備周辺を巡視し、樹木の伐採や営巣対策器具の設置などを計画的に実施して、営巣などは危険度に応じて撤去します。同様に、台風や地震などの影響が懸念される際は、事前に設備強化を図ります。

自主保安
電気設備の安全確保の原則として採用されており、事業者が自ら保安規程を設け、そのルールに基づいて設備の維持・運用を行う方式を指す。

電気事業法
電気事業の運営を適正かつ合理的に行うために必要な事項を定めた法律。電気利用者の利益の保護、電気事業の健全な発達などを目的としている。

JEC規格
電気学会電気規格調査会標準規格。一般社団法人 電気学会が策定し、避雷器や変圧器、遮断器、継電器などの電気設備の規格を定め、標準化を進めている。メーカーもJEC規格に準拠した製品を生産している。

重負荷期
電気の使用量が多くなる時期のこと。本州以南では主に夏季だが、北海道など北部では暖房需要から冬季が該当する。

▶ 原因別の電気事故件数

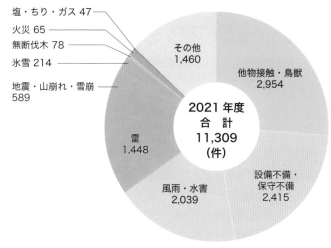

塩・ちり・ガス 47
火災 65
無断伐木 78
氷雪 214
地震・山崩れ・雪崩 589
雷 1,448
風雨・水害 2,039
その他 1,460
他物接触・鳥獣 2,954
設備不備・保守不備 2,415

2021年度
合　計
11,309
（件）

停電の原因の大半は外的要因。設備数が膨大にあり、自然相手の対策となることから、電気事故対策には長期にわたる取り組みが必要

※高圧配電線路、送電線路・特別高圧配電線路の10電力の合計
※高圧配電線路については供給支障事故件数を計上
出典：電気事業連合会「INFOBASE 2022」をもとに作成

▶ 電気工作物の区分

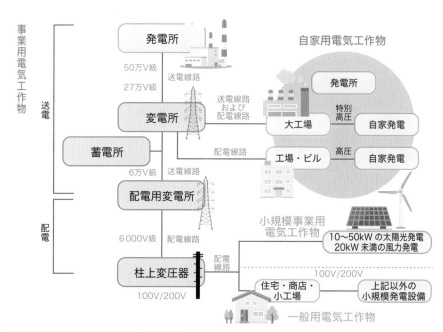

事業用電気工作物

送電

配電

発電所
50万V級
27万V級
送電線路
変電所
送電線路および配電線路
蓄電所
配電線路
6万V級
送電線路
配電用変電所
6 000V級
配電線路
柱上変圧器
100V/200V
配電線路

自家用電気工作物
発電所
大工場　特別高圧　自家発電
工場・ビル　高圧　自家発電

小規模事業用電気工作物
10～50kWの太陽光発電
20kW未満の風力発電
100V/200V
住宅・商店・小工場
上記以外の小規模発電設備
一般用電気工作物

出典：経済産業省「電気工作物の保安」を参考に作成

Chapter4 07

多様な技術開発で持続可能なエネルギーインフラを構築

電力会社は、エネルギーの効率利用と環境保全に重点を置き、多様なエネルギーミックス（P.14参照）の技術を開発しています。これらの取り組みは、持続可能なエネルギーインフラの確立に貢献しています。

CCS
Carbon dioxide Capture and Storage（CO_2回収・貯留）の略。発電所や工場などから排出されたCO_2を回収し、地中に圧入・貯留する。

絶縁劣化診断
電線の絶縁部材などは、部材疲労や環境要因、電気的浸食などで劣化するため、その進度を非破壊検査で調査する。

余寿命評価
過去の点検の結果、部材サンプルの分析などを通して、設備の使用期間を予測し、リスク評価や更新計画に反映する。

系統安定化
電力系統（送配電網）における電圧や周波数の変動を抑え、安定させること。

離島系統
本州、四国、九州、北海道、沖縄などの電力系統に接続されていない系統のこと。島内の発電所のみで需要を賄うため、変動する再エネの受け入れ可能量が少ない。

◉ エネルギーの効率利用や環境保全を実現する技術

近年、省エネや節電に対する需要家の意識は高まっており、電力会社には環境に配慮したうえで、なおエネルギー利用の効率性を高めることが求められています。そのため電力会社は、再生可能エネルギー（再エネ）や原子力を活用する技術の開発に力を入れています。また、発電設備の効率性を高めた高効率LNGや高効率石炭による火力発電も開発が進められています。

同時に環境保全のため、再エネ導入や脱炭素化にも取り組んでいます。具体的には、火力発電所から排出されるCO_2の回収・貯留（CCS）技術の開発などがあります。

◉ 再エネの大量導入には系統安定化の技術が必要

送配電設備では、ケーブルや変圧器などの既存の設備を活用するため、性能の再評価や、絶縁劣化診断、余寿命評価など、設備を診断する技術の開発が進められています。これにより設備の点検・補修の間隔を伸ばすことができ、さらに作業の機械化や自動化を行うことで、安全性と効率性も向上します。実際に、ドローンを使った送配電設備の巡視など、技術開発の成果はすでに現場に導入されはじめています。

系統安定化の技術は、再エネの大量導入に伴う課題を解決するために必要です。太陽光発電や風力発電は天候の影響を受けやすく、出力の変動が大きいため、これらを大量に導入すると、電圧や周波数の適正維持が困難になります。そうした課題を解決するため、蓄電池を活用した系統安定化制御の実証、情報通信技術の活用など、次世代の送配電網の構築に向けた研究が進められています。特に、離島系統での実証試験などが活発です。

▶ 高効率石炭火力発電の例

●石炭ガス化燃料電池複合発電の実証実験のイメージ●

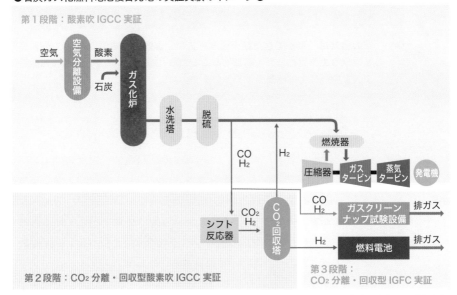

出典：国立研究開発法人 新エネルギー・産業技術総合開発機構（NEDO）「CO₂分離・回収型酸素吹石炭ガス化複合発電の実証試験を開始」（2019年12月26日）を参考に作成

▶ CCSのしくみ

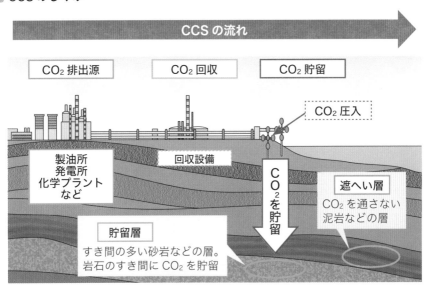

出典：環境省「CCUSを活用したカーボンニュートラル社会の実現に向けた取り組み」（2020年2月）をもとに作成

Chapter4 08

国内ではEV充電インフラ事業、海外では発電事業を積極的に展開

電力会社は、培ってきた技術をベースに、国内では電気自動車（EV）充電インフラの負荷を分散・制御することに取り組んでいます。海外では東南アジアを中心に発電事業を進めています。

EV充電の負荷を制御する技術や事業の開発

近年、急速に普及しているEVの課題のひとつが充電インフラです。EV充電には大量の電力供給が必要とされますが、充電に対応する電力設備の増強がEVの普及に追いつかない可能性があります。多くのEVは、夕方から夜間に稼働を終えて充電されますが、数万台や数百万台という規模で充電を行うと、送配電網の送電容量超過や電源不足に発展しかねません。

一方、EVによる電力消費のピークに合わせて設備増強を行うと、設備利用率の低い非経済的な時期や時間帯が発生することが想定されます。そのため、設備利用率も加味した最適な制御が必要です。送配電事業者は、各事業者のノウハウを生かし、EV充電の負荷を分散・制御する技術や事業の開発を進めています。

過去の実績を生かした海外展開

電力会社は海外の発電事業にも参画しており、地域別ではアジアが全体の約6割を占め、次いで北米、中東、中南米、欧州と続きます。電源別では天然ガスが約6割、再生可能エネルギー、石炭、水力がそれぞれ約1割強となっています。

電力需要の増加が見込まれる東南アジアなどでは、発電事業を行う会社が多く存在します。生涯発電量により収益が左右される発電事業では、電力の安定供給性や長期経済性が重視されます。発電所のトラブルには、迅速かつ適切な対応が求められますが、現地の発電事業者は運転や保守などに習熟していないスタッフを採用することも多く、トラブルが多発しています。一方、日本の電力会社は、過去のプラントのトラブルデータを現地で活用するなど、国内のO&M（運用と保守）技術が強みとなっています。

送電容量
送電線で一度に送ることができる電気の量のこと。電力需要がこの容量を超えると、送配電網に負荷がかかる。

非経済的
投資や運用費の効果が低い、または利益を生み出ししにくい状態を指す。設備利用率が低い場合、設備が十分に使われず、効率が悪くなる。

設備利用率
電力設備がどれだけ有効に使われているかを示す指標。年間の発電電力量を設備容量の合計で除して表され、高いほど効率的に使われていることになる。

生涯発電量
発電設備が運転開始から廃棄に至るまでに発電する全電力量。発電にかかる費用を総合的に評価するLCOE（均等化発電原価［円/kWh］）の算出に用いられる。

▶ 充電インフラの整備促進に向けた指針

ユーザーの
利便性向上

充電事業の
自立化・高度化

社会全体の
負担の低減

世界に比肩する目標の設定	充電器設置目標を倍増（2030年までに15万口→30万口）、総数・総出力数を現在の10倍に →日本として、電動化社会構築に向け、充電インフラ整備を加速
高出力化	急速充電は、高速では90kW以上、150kWも設置 高速以外でも50kW以上を目安、平均出力を倍増（40kW→80kW） →充電時間を短縮し、より利便性の高まる充電インフラを整備
効率的な充電器の設置	限られた補助金で効果的に設置を進めるため、費用対効果の高い案件を優先（≒入札制の実施） →費用低減を促進し、充電事業の自立化を目指す
規制・制度などにおける対応	充電した電力量に応じた課金について、25年度からのサービスの実現。商用車を中心にエネマネを進め、コストを低減 →持続的な料金制度の実現、商用車の充電負荷の平準化・分散化

出典：経済産業省「充電インフラ整備促進に向けた指針」（令和5年10月）を参考に作成

▶ 主要国の電化率の推移

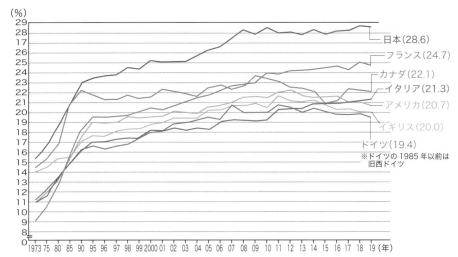

参考：電化率＝最終エネルギー消費（電力）／最終エネルギー消費（合計）
出典：EDMC「エネルギー・経済統計要覧」
出所：電気事業連合会「INFOBASE 2022」をもとに作成

Chapter4
09

事故で6基が廃炉、
廃炉作業（解体・撤去）は継続中

福島第一原子力発電所（福島第一原発）は、地震と津波の影響で深刻な損傷を受け、放射性物質の拡散が発生しました。現在は計画に基づいた廃炉作業が進められ、その過程でさまざまな課題が浮かび上がっています。

電源喪失で燃料冷却ができずに事故が発生

福島第一原発には、1～6号機の計6基の原子炉がありました。このうち1～4号機が東日本対震災による地震と津波の影響を受けて損傷などが発生し、放射性物質が拡散しました。

原子炉は地震などに備え、多重の安全対策がとられています。強い地震が発生すると、核燃料の核分裂反応を抑制するため、制御棒が自動で挿入され、原子炉が停止します。続いて、燃料冷却のためのポンプが動作します。しかし、この事故では津波による浸水で非常用発電機が停止し、外部からの電力供給も喪失していたためポンプを動作できず、冷却が行われずに、炉心の溶融や格納容器の損傷などが発生しました。原子炉の周りには何重もの壁がありますが、その後に発生した水素爆発により、原子炉建屋などが破損し、放射性物質を閉じ込められずに拡散したのです。

放射性物質を取り除く廃炉作業

廃炉作業とは、原子炉施設を解体し、撤去していく作業です。福島第一原発では、「中長期ロードマップ」に基づいて作業が進められています。このロードマップは、廃炉作業の進展で明らかになった状況などを踏まえ、継続的な見直しが行われています。

福島第一原発では、汚染水処理に課題があり、廃炉作業は今後30年かかるとされています。汚染水に含まれる放射性物質のリスクを低減するため、薬液による沈殿処理、吸着材による吸着など化学的・物理的性質を利用した処理方法により、トリチウムを除く62種類の放射性物質を国の安全基準を満たすまで除去する設備が「多核種除去設備（ALPS）」です。この設備などで浄化処理された処理水の海洋放出が、2023年8月から始まりました。

中長期ロードマップ
「東京電力ホールディングス（株）福島第一原子力発電所1～4号機の廃止措置等に向けた中長期ロードマップ」のこと。

汚染水
原子力発電所の事故により発生する、高濃度の放射性物質を含んだ水のこと。溶けて固まった燃料デブリを冷やすための水が燃料デブリに触れ、放射性物質を含んだ汚染水となる。さらに、地下水や雨水が汚染水と混ざり合うことで、新たな汚染水が発生する。

処理水
汚染水に対し、放射性物質の濃度を低減する浄化処理を複数の設備で行った水のこと。この処理でリスクが低減され、敷地内のタンクに保管される。

▶ 福島第一原発事故の概要

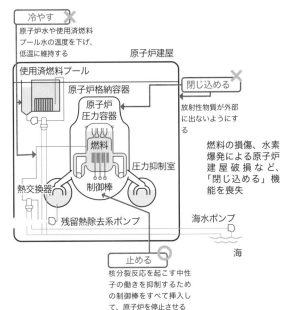

出典：一般財団法人 日本原子力文化財団「【10-2-02】福島第一原子力発電所の事故概要」をもとに作成

▶ 中長期ロードマップの目標行程

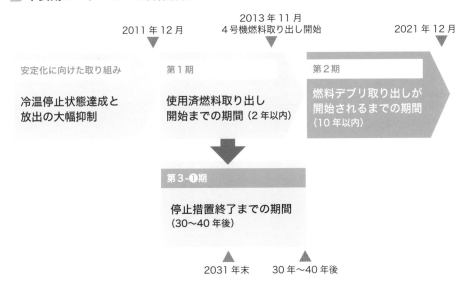

出所：東京電力ホールディングス株式会社「廃炉に向けたロードマップ」をもとに作成

Chapter4
10

業界での業務範囲拡大には多岐にわたる資格取得が不可欠

電力業界の資格の多くは、取得しなければ特定の業務ができない「業務独占」の資格です。資格によって取り扱える電気設備などの種類が異なることから、資格を取得することで人材としての希少性が高くなります。

仕事の幅を広げるには資格取得が必要

資格
右図に掲げた電気関連資格の「電気工事士」「電気主任技術者」「電気通信主任技術者」はいずれも受験資格として実務経験は問われない。

電力業界で働くにはさまざまな資格が必要です。たとえば、「第二種電気工事士」は電気工事の登竜門的な位置にある資格といえます。電力業界の業務範囲は広く、仕事の幅を広げるには「電気主任技術者」や「電気工事施工管理技士」など施工管理関連の資格を取得する必要があります。

主な資格の種類と概要

「電気工事士」は、住宅や店舗、工場などの電気工事に従事する技術者の資格で、扱える電気工作物の範囲によって第二種と第一種に分かれています。第二種が扱えるのは、低圧で受電する場所の配線や一般用電気工作物の工事のみですが、第一種では最大電力500kW未満の需要設備の電気工事まで扱うことができます。

電気工作物
発電、蓄電、変電、送電、配電または電気使用のために設置する工作物（機械、器具、ダム、水路、貯水池、電線路など）をいい、事業用電気工作物と一般用電気工作物がある。

「電気主任技術者」は、事業用の電気工作物の工事や維持、運用に関する保安の監督を行うための資格です。扱える電気工作物の範囲によって第三種、第二種、第一種に分かれています。一定以上の電圧・容量で電気を使う工事現場や工場、ビルなどの建築物では、資格取得者の選任が義務付けられており、電力会社や電気工事会社、ビル管理会社などに資格取得者が多く存在します。

「電気通信主任技術者」は、電気通信ネットワークの工事と維持、運用を監督する責任者であり、監督できる電気通信設備の種類などによって伝送交換主任技術者と線路主任技術者の2種類に区分されます。大手電力会社など一定規模以上の電気通信事業者には、事業に用いる電気通信設備を維持するため資格取得者の選任が義務付けられており、情報通信に関わる幅広い知識が要求されます。

電力会社で活躍する主な資格

● 電気関連 ●

電気工事士	電気主任技術者	電気通信主任技術者

● 施工管理関連 ●

電気工事施工管理技士	建築施工管理技士	土木施工管理技士	管工事施工管理技士
測量士	建築設備士	コンクリート診断士	土木鋼構造診断士

● 技術関連 ●

ボイラー技士	ガス主任技術者	高圧ガス製造保安責任者	技術士
エネルギー管理士	放射線取扱主任者	核燃料取扱主任者	原子炉主任技術者

● 安全・衛生関連 ●

公害防止管理者	危険物取扱者	消防設備士
衛生管理者 第1種	品質管理検定	

● 情報関連 ●

基本情報技術者	応用情報技術者	陸上無線技術士

● 不動産・法律関連 ●

宅地建物取引士	不動産鑑定士	土地家屋調査士	
行政書士	司法書士	社会保険労務士	税理士

● 事務関連 ●

日商簿記検定	ビジネス実務法務検定	知的財産管理技能検定	通関士
秘書検定	経理・財務スキル検定		

電気以外にも、火力発電所ではボイラー、ガス、公害関連が必要とされ、原子力特有の資格、発電所や送電線の用地を扱うための不動産関連など、多岐にわたる資格を活用できる

🖎 ONE POINT

電力業界の施工管理関連の資格

代表的な資格として「電気工事施工管理技士」は、施工計画や施工図の作成、工程管理、品質管理、安全管理といった電気工事の管理に必要な技術をもつことを証明する資格です。2級は、一般建設業の営業所における「専任技術者」や、現場ごとに設置される「主任技術者」として仕事に従事できます。1級は、2級の範囲に加え、特定建設業の営業所における「専任技術者」や、現場ごとに設置される「監理技術者」として仕事に従事できます。

送電線を守るラインマンの仕事

生活に欠かせない 社会貢献性の高い仕事

筆者が小学生の頃、テレビCMでよく流れていた曲の歌詞に、次のようなものがあります。

男たちは その昔
みんな 旅に 出かけた
そこに夢が あるかぎり
命 ひとつ 燃やして

吹雪のなか、危険な高所で送電線をつなぐ男たちが、粗い解像度で淡々と、かつ感動的に描かれていました。当時は子ども心に「かっこいいな」と思いながら見ていましたが、筆者が大学を卒業し、電力工事会社に入社したのも、今思えばこの歌があったからではないかと考えます。

今でもこの曲をYouTubeなどで聴くと、勇気がわいてきます。東京電力のCMでしたが、今は送電線の仕事に携わるラインマンの応援歌になってもよいのではないかと思っています。

そのようなラインマンの仕事は、鉄塔の高所において、電気という目に見えない危険物を扱う仕事であり、安直な職業ではありません。しかし、私たちの生活や産業を支える欠かせない仕事であり、社会貢献性が高く、やりがいと誇りのある仕事といえるでしょう。

東日本大震災では 電力復旧に貢献

東日本大震災では多くのラインマンが、震災被害を受けた設備の復旧に全力で取り組み、早期の停電解消に貢献しました。ラインマンは電力会社や送電工事会社と一体となって電力の動脈となる送電線を建設し、これを守っていく使命を果たしています。

第 5 章

ガス業界の基礎知識

ガス事業は、ガス導管（パイプライン）で供給する都市ガス事業と、ガスボンベなどで供給するLPガス事業に分けられます。ガスは常にほかのエネルギーとの競争にさらされており、さまざまな革新が図られてきました。ここでは、ガス業界の構造や市場、ガス供給の流れなど、ガス業界の基礎知識を解説します。

Chapter5 01

日本の経済発展を支えてきた ガス事業

ガスは燃料として使われるエネルギー源のひとつで、日本のエネルギー供給において重要な役割を担ってきました。ガスは大きく都市ガスとLP（液化石油）ガスに分かれ、家庭、産業、発電などに幅広く使われています。

ガスはパイプラインで供給する都市ガスが中心

ガスは明治時代初期、街灯の用途で都市ガス（P.16参照）の利用が始まりました。その後、家庭用（調理、給湯、暖房など）、産業用（空調など）、発電用などへ用途を拡大しました。都市ガスは導管（パイプライン）を敷設して供給するため、主に都市部や工業地帯などで使われており、現在約200の事業者があります。

都市ガスの主な原料は天然ガスで、主成分はメタンです。天然ガスは地中のガス層に存在し、より深部にある**シェールガス**を採掘する技術も開発されました。天然ガスは世界各地で産出され、埋蔵量も豊富ですが、日本では産出量が少なく、ほとんどが輸入に頼っています。輸入の際は、産出地で天然ガスを液化天然ガス（LNG）（P.16参照）にすることで、体積を600分の1に圧縮でき、LNGタンカーにより輸入しやすくしています。

天然ガスは石炭や石油に比べ、燃焼時の環境負荷が低いため、クリーンなエネルギーとして日本の経済成長を支えてきました。

ボンベでガスを供給するLPガス事業

都市ガス以外のガスの供給方式として、**LPガス**事業が1950年代に本格化しました。LPガスの主成分は石油精製の副産物として得られるプロパンとブタンです。これらは常温・常圧では気体ですが、圧力をかけて液化させると体積は約250分の1になり、ボンベやタンクに充てんして配送できるようになります。

都市ガスのパイプライン敷設が経済的に難しい郊外などでは、LPガスの利用が拡大しました。都市ガスの国土面積カバー率は約6％ですが、LPガスは約100％であり、現在国内で約2万のLPガス事業者があります。

導管
水道水を地下の水道管で供給するように、都市ガスも地下のガス導管（パイプライン）で供給する。

シェールガス
天然ガスが生成される頁岩層内に滞留した天然ガス。従来は経済的に生産が困難であったため、ほとんど開発されなかった。2000年代に米国で新たな探鉱・開発技術を用いた開発が進み、最近では米国以外でも進められようとしている。

埋蔵量
天然ガスの技術的可採埋蔵量は約800兆m³といわれている。技術的・経済的に生産可能なもののうち、最も信頼性の高い確認埋蔵量は約190兆m³で、世界の天然ガス需要の約49年分にあたる。

LPガス
液化石油（LP：Liquefied Petroleum）ガス。プロパンやブタンを主成分とする。

▶ 地域別の天然ガス生産量の推移

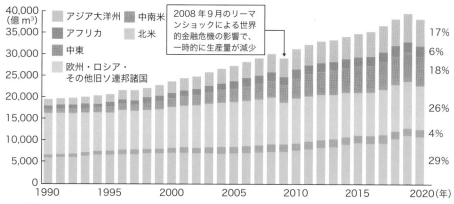

注：端数処理の関係で合計が100％にならない場合がある
出典：BP「Statistical Review of World Energy 2021」をもとに作成
出所：資源エネルギー庁「エネルギー白書2022」をもとに作成

▶ 天然ガスの環境負荷の低さ

天然ガスはほかの化石燃料（石炭、石油）に比べ、二酸化炭素（CO_2）、窒素酸化物（NOx）、硫黄酸化物（SOx）の排出量が少ないクリーンエネルギーといえる

出典：CO_2は、火力発電所大気影響評価技術実証調査報告書（1990年3月、(財)エネルギー総合工学研究所）
　　　NOx、SOxは、天然ガス–2010年の展望–(1987年3月、OECD・IEA)
出所：経済産業省「資料5 ガス事業の現状」をもとに作成

👉 ONE POINT

日本の近海に眠るメタンハイドレートへの期待

メタンハイドレートとは、メタンと水分子が結合した氷状の物質で、「燃える氷」とも呼ばれます。日本の周辺海域に大量に存在し、燃料や産業用の素材として使える可能性があるため、エネルギー自給率の低い日本にとって貴重な資源といえます。メタンハイドレートは固体であるため、取り出して使うには研究開発が必要ですが、日本はこの分野で世界をリードしています。

Chapter5 02

明かりから熱源・動力源へ、そして高効率化するガスの変遷

ガスは約150年の歴史のなかで、常にほかのエネルギーとの競争にさらされ、さまざまな革新を経て、用途を移行させてきました。一方、ガスの原料そのものも、時代とともに変わってきています。

ガス灯から熱源や動力源としての利用に推移

都市ガス事業は明治5（1872）年、横浜の馬車道通りにガス灯が設置されたことから始まります。そこから、東京ガスが最初の都市ガス会社として設立され、都市部の家庭や事業所へガスが供給されるようになりました。その後、各地域に都市ガス会社が設置され、現在では全国に広がっています。

日本最初の電灯は明治15（1882）年、銀座に登場しました。「明かりは電気、熱はガス」と徐々に棲み分けがされ、地域ごとの電力会社とガス会社の**自然独占**が始まりました。

ガスは熱源や**動力源**としての用途が中心となり、家庭では最初に厨房で使われるようになりました。その後、給湯や暖房へと広がっていきます。業務用や産業用の熱源としては、ガスボイラーやガス工業炉が使われるようになりました。また発電用では、ガスエンジンやガスタービンなどが使われ、エネルギーを効率的に使う**ガスコージェネレーションシステム**も開発されました。

環境負荷が低く、安定供給が可能な原料へ移行

ガス事業が始まった当初は、石炭を蒸し焼きにすることでガスを発生させていました。1960年代になると、石炭より安価な石油系のナフサが原料の主役になります。ただ石炭や石油には、環境負荷が高いという問題があり、石油には地政学的リスクもあります。そこで原料には、クリーンであると同時に、安定供給が見込まれることが条件になり、天然ガスが採用されるようになりました。そして1969年、日本が世界で初めてLNGを導入し、原料は天然ガスに移行していったのです。

自然独占
経済的な理由により、1つの組織が市場の大部分または全体を支配している状況。電気やガスなどのインフラを整備するには巨額の設備投資が必要なため、1社独占のほうが経済的であった。

動力源
ガスの動力源の用途としては、天然ガス自動車、LPガスを燃料とするタクシー、LNGを燃料とする船舶などがある。

ガスコージェネレーションシステム
ガスを燃料としてエンジンやタービン、燃料電池などで発電し、このときに生じる熱エネルギーで蒸気や温水を発生させて利用する熱電併給システム。

世界で初めてLNGを導入
公益社団法人 発明協会の「戦後日本のイノベーション100選」に選定された。

▶ 都市ガス利用の拡大の歴史

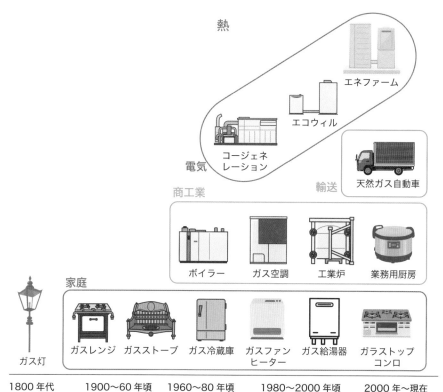

出典：一般社団法人 日本ガス協会「資料5 詳細制度設計の検討に当たって」（2015年8月20日）をもとに作成
出所：経済産業省「第22回 総合資源エネルギー調査会 基本政策分科会 ガスシステム改革小委員会（資料5 日本ガス協会提出資料）」をもとに作成

◉ 急増したLPガス需要

　一方、LPガスは1950年代、第二次世界大戦後のエネルギー需要の増加に伴って利用が始まり、家庭や商業施設などで広く使われるようになりました。1970年代のオイルショックでは、LPガス需要が急増したことで、供給体制の拡充やガスタンクの普及が進みました。LPガス需要はその後、ピークに達し、現在は減少傾向にあります。

Chapter5 03

多数のステークホルダーで 成り立つガス業界

都市ガス事業者とLPガス事業者が安定して、安全かつ効率的にガス事業を
運営するために、取引先や業界団体など、さまざまなステークホルダーが事
業を支えています。

多くのステークホルダーと連携する都市ガス業界

　都市ガス事業者は全国に約200あり、大手4社は東京ガス、大
阪ガス、東邦ガス、西部ガスです。民営事業者だけではなく、仙
台市ガス局などの公営事業者もあります。都市ガス事業を支える
ステークホルダーをLNGバリューチェーンに沿って紹介します。
　原料である天然ガスの採掘・生産では、天然ガスの産出国をは
じめ、天然ガス液化プラントの運営、LNGの契約交渉などを行
う業者がいます。契約交渉は主に商社が行いますが、ガス会社が
自ら行うケースもあります。生産したLNGの輸送は、**LNGタン
カー**の製造・保有とLNGの運搬を担う業者が行います。
　ガス製造では、**LNG基地**の建設工事会社、LNGタンクなどの
プラントメーカー、気化器などの制御器メーカーなどがあります。
東京ガスや大阪ガスなどはエンジニアリング子会社を保有し、
LNG基地関連の業務を国内外で展開しています。ガス供給では、
導管（パイプライン）の製造や建設工事などを行う業者がいます。
ガス小売は、法人顧客など大手向けは都市ガス事業者が直接行い、
家庭など小口向けは地域のサービスショップ（P.144参照）が担
当します。サービスショップには、**都市ガス事業者**が運営するも
のもあります。最後にガス消費では、家庭用・業務用のガス機器・
設備メーカー、機器・設備の設置工事会社などがいます。

生産からスタンド事業まで分かれるLPガス業界

　LPガスは、生産業者、輸入元売業者、小売業者、卸売業者、
スタンド事業者などから成り立っていて、日本LPガス協会と全
国LPガス協会という業界団体があります。
　都市ガス事業、LPガス事業ともに**監督官庁**は経済産業省です。

ステークホルダー
事業活動における直
接的・間接的な利害
関係者のこと。ガス
会社はさまざまなス
テークホルダーと連
携することで、事業
が成り立っている。

LNGタンカー
船舶会社が主に保有
するが、ガス会社が
保有することもある。

LNG基地
輸送されたLNGを
受け入れる工場。
LNGターミナルと
も呼ばれる。

都市ガス
都市ガスの業界団体
は（一般社団法人）
日本ガス協会が管轄
しており、業界紙に
は「ガスエネルギー
新聞」がある。

監督官庁
経済産業省は、ガス
事業法に則り都市ガ
ス事業を、液化石油
ガス法に則りLPガ
ス事業者を監督する。

▶ LNG バリューチェーンと主なステークホルダー

原料である天然ガスを採掘し、液化してLNGにする	LNGを産出地からLNG受入基地まで輸送する	LNGを気化し、熱量調整・付臭を行って都市ガスにする	都市ガスをパイプラインで需要家まで供給する	企業や家庭向けにガスを小売し、消費量を計測する

採掘	輸送	製造	供給	小売・消費

══════════════ LNG バリューチェーン ══════════════▶

天然ガスの産出国	LNGタンカーの製造・保有	LNG基地の建設工事会社	パイプラインの製造	サービスショップ
天然ガス液化プラントの運営	LNGの運搬	LNGタンクなどプラントメーカー	パイプラインの建設工事	ガス機器・設備メーカー
天然ガスの契約交渉（商社）		気化器など制御器メーカー		機器・設備の設置工事会社

関連するステークホルダー

▶ LPガスのバリューチェーン

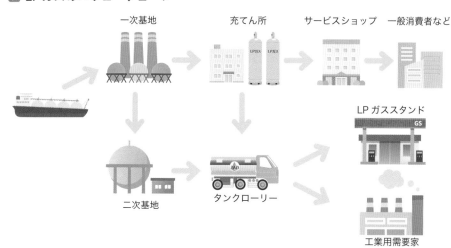

一次基地　　充てん所　　サービスショップ　一般消費者など

LPガススタンド

二次基地　　タンクローリー

工業用需要家

出典：日本LPガス協会『LPガス事業における地球温暖化対策の取組 ～低炭素社会実行計画 2018 年度実績報告～』（令和元年 11 月 29 日）をもとに作成
出所：経済産業省「2019 年度第 1 回 産業構造審議会 産業技術環境分科会 地球環境小委員会 資源・エネルギーワーキンググループ（資料 10 日本LPガス協会 資料）」をもとに作成

Chapter5 04

都市ガスとLPガスを合わせ約9兆円の市場規模

ガスの市場規模は大きく、都市ガスが約5兆円、LPガスが約4兆円で、合わせて約9兆円になります。業界別市場規模では、ガスは電力の市場規模である約20兆円の半分に近い規模です。

業界別市場規模
そのほかのインフラ関連の市場規模は、通信が約31兆円、石油が約23兆円、鉄道が11兆円。

需要家件数
電気を消費する個人や企業などの最終ユーザーの数。ここでは取り付けられているガスメーターの数で換算。

可搬性
持ち運びが容易であること。パイプラインを敷設して供給する都市ガスと異なり、LPガスはボンベを運んで利用できる。

簡易ガス事業
簡易なガス発生設備でガスを発生させ、パイプラインで供給する事業。昭和40年頃から都市周辺部で団地造成が急増し、団地にパイプラインでLPガスを供給する方式が全国で採用されるようになった。現在はコミュニティガスと呼ばれている。

都市ガス業界の市場規模

都市ガスは導管（パイプライン）を敷設している都市部でしか利用できません。都市ガスの供給区域は国土全体の約6％で、全世帯のうちの普及率は約46％です。普及率は東京や大阪などでは80％を超えますが、地方では10％を下回る地域もあります。

都市ガス事業者数は約200社で、需要家件数は約2,900万件、ガス販売量は363億㎥/年、市場規模は約5兆円と推計されます。

都市ガス事業者の多くは民営事業者ですが、約13％は公営事業者です。大手4社の売上高（2023年3月）は、東京ガスが3兆2,896億円、大阪ガスが2兆2,751億円、東邦ガスが7,060億円、西部ガスが2,663億円となっています。

LPガス業界の市場規模

LPガスの最大の特徴は可搬性です。その可搬性を生かし、島嶼部や山間部などの地域でもLPガスは重要なエネルギー源として使われています。人が行けるところならどこでも供給できるため、国土カバー率は実質100％といえます。

LPガスの事業者数は約2万社で、需要家件数は2,400万件、ガス販売量は80億㎥/年、市場規模は約4兆円と推計されます。

主なLPガス事業者としては、岩谷産業、エネサンスホールディングス、日本瓦斯（ニチガス）、伊藤忠エネクス、東邦液化ガスなどあり、業界をリードしています。

なお規模は小さいですが、都市ガスとLPガスの中間的なものとして簡易ガスがあります。簡易ガス事業は、集合住宅のような地域限定的な需要（70戸以上）に対し、パイプラインを用いてLPガスを供給する事業です。

▶ 都市ガスの用途別販売量と原料内訳

● 都市ガスの用途別販売量

年度	家庭用	商業用	工業用	その他用	合計
2011	9,791	4,499	23,123	2,975	403億88百万m²
2016	9,406	4,318	24,739	3,067	415億30百万m²
2021（年度）	9,914	3,702	24,373	3,159	411億49百万m²

※41.8605MJ/m² 換算（四捨五入のため、合計値が合わない場合がある）
出典：資源エネルギー庁「ガス事業生産動態統計調査」
出所：一般社団法人 日本ガス協会「都市ガス事業の現況 2022-2023」をもとに作成

● 都市ガスの原料内訳

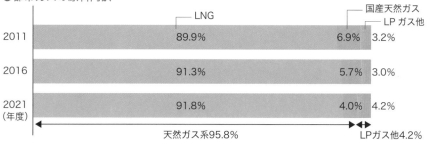

年度	LNG	国産天然ガス	LPガス他
2011	89.9%	6.9%	3.2%
2016	91.3%	5.7%	3.0%
2021（年度）	91.8%	4.0%	4.2%

天然ガス系95.8%　　LPガス他4.2%

※四捨五入のため、合計が 100%にならない場合がある
出典：資源エネルギー庁「ガス事業生産動態統計調査」
出所：一般社団法人 日本ガス協会「都市ガス事業の現況 2022-2023」をもとに作成

▶ ガス業界の市場規模

	事業者数	需要家件数	ガス販売量	市場規模（推計値）
都市ガス	193社（うち公営事業者18）	約2,795万件（家庭用・小口業務用）	402億m³/年	家庭・小口業務用2.4兆円（全体5兆円）
簡易ガス	1,244社（うち公営事業者8）	約140万件	1.7億m³/年	0.1兆円
LPガス	16,381社	約2,400万件（家庭・業務用）	64億m³/年	家庭・業務用2.6兆円（全体4兆円）

出典：資源エネルギー庁と経済産業省と全国LPガス協会資料より作成
出所：一般社団法人 エネルギー情報センター 新電力ネット運営事務局「ガス事業の歴史を振り返る、ガス自由化までの流れと変遷（1）」
　　　（2017年1月31日）をもとに作成

Chapter5 05

家庭、商業、工業、自動車などに使われるガス

2000年前後までガスの需要は大きく伸び、第二次世界大戦後日本の経済成長を支えてきました。その後、需要は減少に転じ、ガス業界は新しい方向性を模索する必要に迫られ、電力事業への参入などに活路を見出しています。

都市ガスの用途別販売量の推移

　都市ガスの販売量は1980〜2005年に順調に拡大し、家庭用は約1.9倍、商業用は約3.3倍、工業用は約11.0倍になりました。

　その要因は、ガスの原料が天然ガスに移行し、クリーンなエネルギーとして広く認知されたこと、またガスの機器や設備の開発が進み、他燃料からガスへの転換が広まったことにあります。

　しかし、2005年以降はほぼ横ばいとなっています。その原因は工業地帯や都市部など、需要が見込まれる地域へのパイプライン敷設が行きわたり、飽和したことにあります。また、家庭用ガスの販売量の低下は、**オール電化住宅**の普及の影響も大きいといわれています。2023年3月の用途別販売量では、工業用は過半の51.4%を占め、家庭用が31.4%、商業用が9.3%と続きます。

LPガスの用途別需要量の推移

　LPガスの需要量も、1950〜90年代前半で順調に拡大しました。しかし、1996年の1,970万トンをピークに減少傾向が続き、2019年には1,393万トンとピークの約7割となりました。主な原因は、日本経済の低迷に伴う産業部門の需要減少にあります。

　LPガスの主な用途は、家庭業務用、一般工業用、**化学原料用**、都市ガス用（燃料調整）、自動車用（**タクシー**）、電力用（電力会社のバックアップ燃料）です。2020年の用途別需要量では、家庭業務用が最多の46.4%を占め、一般工業用が24.2%、化学原料用が16.7%、都市ガス用が8.6%、自動車用が4.1%と続きます。

　今後、脱炭素化が進むなか、ガス需要の横ばいあるいは減少傾向は続くとみられています。2016年の電力自由化以降、多くのガス事業者が電力事業に参入し、その拡大に注力しています。

オール電化住宅
必要なエネルギーをすべて電気で賄う住宅。2001年に空気中の熱でお湯を沸かすエコキュートが販売され、IHコンロや電力会社の優遇料金プランなどと組み合わされて普及した。

化学原料
エチレンやプロピレンなどの化学製品の原料。

タクシー
タクシーの燃料はガソリンではなくLPガスが使われている。LPガスは税金がガソリンより安く、LPガス代はガソリンの6割程度と安いことが理由である。

▶ 都市ガスの用途別販売量の推移

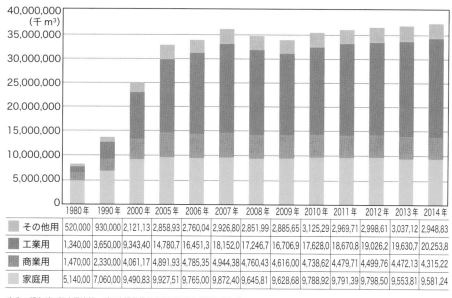

	1980年	1990年	2000年	2005年	2006年	2007年	2008年	2009年	2010年	2011年	2012年	2013年	2014年
■ その他用	520,000	930,000	2,121,13	2,858,93	2,760,04	2,926,80	2,851,99	2,885,65	3,125,29	2,969,71	2,998,61	3,037,12	2,948,83
■ 工業用	1,340,00	3,650,00	9,343,40	14,780,7	16,451,3	18,152,0	17,246,7	16,706,9	17,628,0	18,670,8	19,026,2	19,630,7	20,253,8
■ 商業用	1,470,00	2,330,00	4,061,17	4,891,93	4,785,35	4,944,38	4,760,43	4,616,00	4,738,62	4,479,71	4,499,76	4,472,13	4,315,22
■ 家庭用	5,140,00	7,060,00	9,490,83	9,927,51	9,765,00	9,872,40	9,645,81	9,628,68	9,788,92	9,791,39	9,798,50	9,553,81	9,581,24

出典：都市ガス販売量速報・ガス市場整備基本問題研究会資料より作成
出所：一般社団法人 エネルギー情報センター 新電力ネット運営事務局「都市ガス小売りの普及ポテンシャル」をもとに作成

▶ LPガスの用途別需要量の推移

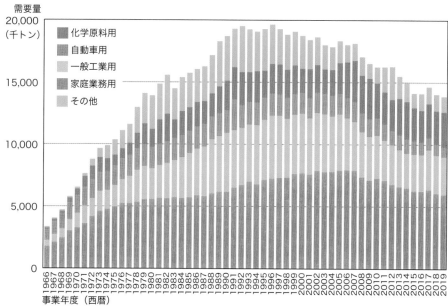

出典：日本LPガス団体協議会「LPガス読本」をもとに作成

海外から原料を輸入し 国内でガス製造を行う

ガスの原料は、ほぼ海外からの輸入に依存しています。都市ガスは輸入した LNGに対し、気化、熱量調整、付臭を行って製造されます。LPガスは原油 随伴、天然ガス随伴、原油精製の3つの方式で製造されます。

都市ガスの製造フロー

都市ガスの原料は、LNG（91.8%）と国産天然ガス（4.0%）を合わせて天然ガス系が95.8%を占めます（2021年度）。残りは熱量調整用の**LPG**など（4.2%）です。

海外で産出された天然ガスは、パイプラインで**液化基地**に運ばれ、不純物を除去してから液化し、LNGとなります。主なLNGの調達先はオーストラリア（37.2%）、マレーシア（13.7%）、カタール（11.9%）、ロシア（8.4%）、米国（8.1%）です（2020年度）。LNGはLNGタンカーで日本各地のLNG基地に運ばれ、**ローディングアーム**でLNGタンカーから基地内のLNGタンクに移送されます。LNGタンクには、地下式と地上式があります。

国産天然ガスの産出地は、新潟県（76%）、千葉県（19%）、北海道（3%）、秋田県（2%）で（2021年度）、都市ガス製造所までパイプラインで運ばれます。

LNGタンクから取り出されたLNGは、気化器で気化され、天然ガスになります。そこにLPGを加えて**熱量調整**をしたあと、付臭剤を混入して都市ガスとなります。

LPガスの製造フロー

LPガス（プロパンとブタン）は3つの製造方式があります。

油田の地下内部に滞留しているガスを地上に移送し、プロパンとブタンを分離・回収し、さらに硫黄や水銀などの不純物を取り除く方式を「原油随伴方式」と呼びます。一方、天然ガス田で生産する方式は「天然ガス随伴方式」です。また、輸入した原油から国内の製油所でプロパンとブタンを精製・分離する「原油精製方式」もあります。プロパンとブタンには付臭剤も加えます。

LPG
液化石油ガス（Liquefied Petroleum Gas）の略。

液化基地
産出された気体を冷却して液化し、液化天然ガス（LNG）を製造する工場。

ローディングアーム
タンカーからLNGなどを荷揚げするための可動するアーム状の配管設備。

熱量調整
天然ガスの熱量は産地によって異なり、ガス機器で安全に燃焼させるため、定められた都市ガスの熱量に調整すること。日本ではほとんどの地域で13Aという熱量が使われている。

付臭剤
天然ガスは臭いがなく、漏えい時に素早く発見できるよう保安上の目的で硫黄系の付臭剤を加える。

都市ガスの製造フロー

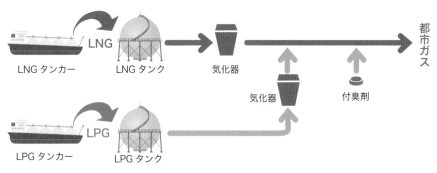

移送
ローディングアームでLNGタンクへ移送

気化
気化器で液体から天然ガスに気化

熱量調整
LPGを加えて都市ガスの熱量に調整

付臭
付臭剤を加えてガスに匂いを付ける

LNGタンカー　LNGタンク　気化器　気化器　付臭剤　都市ガス

LPGタンカー　LPGタンク

出典：一般社団法人 日本ガス協会「地球環境への取り組み」を参考に作成

LPガスの生産方式

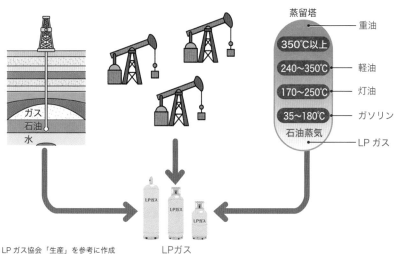

原油随伴
油田の地下内部に滞留するガスを地上に移送し、不純物を取り除く

天然ガス随伴
天然ガス田で天然ガスを採掘し、分離・回収

原油精製
輸入した原油から国内の製油所でプロパンとブタンを精製・分離

ガス
石油
水

蒸留塔
重油
350℃以上
軽油
240～350℃
灯油
170～250℃
ガソリン
35～180℃
石油蒸気
LPガス

LPガス

出典：日本LPガス協会「生産」を参考に作成

安全に供給する都市ガス供給網とローリー供給、LPガス配送網

都市ガスは、ガス導管（パイプライン）網を通じて供給されますが、遠隔地ではLNGをLNGローリーで運搬して供給されています。一方、LPガスは、需要家のニーズに合わせ、さまざまな容器やタンクで配送されます。

圧力を変えて供給される都市ガス

ガス導管網
主な設備は、ガス導管、ガバナ、ガスホルダー、および遠隔監視システムなど。

LNG基地で製造された都市ガスは、**ガス導管網**で需要家に供給されます。都市ガス事業者は供給区域近傍のガス需要を予測し、投資採算性を考慮してガス導管の整備を進めてきました。総延長は267,660km（2021年度）で、地球6周分を超える長さです。

高圧で送出された都市ガスはガバナ（整圧器）で減圧され、中圧、低圧になります。ガス導管は圧力の違いにより、高圧導管（1.0MPa以上）、中圧導管（0.1〜1.0MPa未満）、低圧導管（0.1MPa未満）に分かれ、総延長に占める比率はそれぞれ1.0%、13.5%、85.5%です。大規模工場や大型商業施設、学校・病院には中圧ガスが、家庭用や商業用には低圧ガスが供給されます。

MPa
Pa（パスカル）は圧力の単位で、1Paは1m²あたりに1ニュートン（N）の力が作用したときの圧力を指す。M（メガ）は10^6のこと。

ガス事業者はガスを安全・安定的に供給するため、ガス導管網の圧力や流量を遠隔監視・制御しています。ガス需要量の変化に合わせ、上流側の圧力を減圧し、下流側の圧力を一定にしてガスを送出します。またガスホルダーをガスの一時保管庫として、地域の需要量の変化に合わせ、ガスの受け入れ・払い出しをします。また都市ガス事業者は、地震対策に積極的に取り組んでいます。

LNGのローリー供給とLPガスの配送

LPガス容器
家庭で使うボンベと呼ばれる容器のほか、工業用の大型容器や特殊容器、タンクローリー用のローリー容器、タクシー用の自動車容器、熱気球用容器など、さまざまな種類がある。

都市ガスの場合、LNG基地からガス導管で直接供給できない遠隔地では、LNGをLNGローリーでサテライト基地に輸送します。そして、LNGをサテライト基地で再ガス化して都市ガスを製造し、その地域の需要家に供給します。

LPガスは、**LPガス容器**に充てんされ、事業者が需要家に届ける方法が一般的です。この配送方法により、都市ガスのガス導管が敷設されていない地域でもエネルギー供給が可能です。

▶ 都市ガス供給の流れ

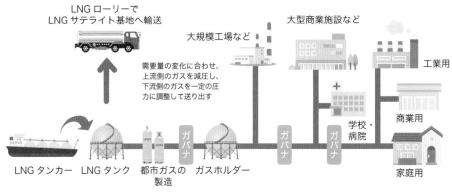

LNG ローリーで
LNG サテライト基地へ輸送

大型商業施設など

大規模工場など

需要量の変化に合わせ、
上流側のガスを減圧し、
下流側のガスを一定の圧
力に調整して送り出す

工業用

学校・
病院

商業用

LNG タンカー　LNG タンク　都市ガスの　ガスホルダー
　　　　　　　　　　　　製造

ガバナ　　ガバナ　　ガバナ

家庭用

高圧導管
圧力 1.0MPa 以上

中圧導管
圧力 0.3MPa 以上
1.0MPa 未満

中圧導管
圧力 0.1MPa 以上
0.3MPa 未満

低圧導管
圧力 0.1MPa 未満

出典：一般社団法人 日本ガス協会「都市ガス事業の現況 2022-2023」をもとに作成

▶ LNGローリーによるLNGサテライト基地へのガス供給

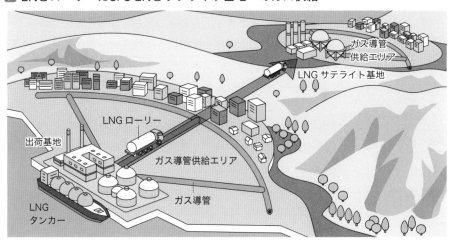

ガス導管
供給エリア

LNG サテライト基地

LNG ローリー

出荷基地

ガス導管供給エリア

ガス導管

LNG
タンカー

出典：一般社団法人 日本ガス協会「都市ガス事業の現況 2022-2023」をもとに作成

Chapter5
08

ガス事業法と液化石油ガス法での規制と自由化政策

都市ガス事業者はガス事業法により、ガスの料金、供給義務、保安責任の規制を受けてきました。ガスの自由化で料金設定が自由にできるようになり、新たな競争環境に入っています。LPガスはもとから競争環境にあります。

ガス事業法
ガス事業の運営を調整することにより、ガス使用者の利益を保護し、ガス事業の健全な発達を図るとともに、ガス工作物の工事、維持および運用、ならびにガス用品の製造・販売を規制することによって、公共の安全を確保し、あわせて公害防止を図ることを目的とする法律。

ガス工作物
ガス製造設備からガス導管、ガスメーターを経てガス栓までの一連の設備を指す。都市ガス事業者はこれらを安全上必要な水準に維持することが求められている。

一般ガス導管事業
一般ガス導管事業は自由化されず、地域独占が認められている。

液化石油ガス法
「液化石油ガスの保安の確保及び取引の適正化に関する法律」。LPガスの適正取引や災害防止などのためLPガス販売などを規制する法律。

📍 都市ガスの法規制と政策

　都市ガス事業者は元来、その区域での地域独占が認められていたため、需要家保護のために**ガス事業法**の規制を受けてきました。主な規制は、ガスの料金と供給義務、保安責任についてです。

　ガス料金は「能率的な経営のもとにおける適正な原価に適正な利潤を加えたもの」でなければならないとされ、経済産業省の審査を受ける必要がありました。区域内では都市ガスの独占供給が認められていたため、どの需要家の申し込みに対しても原則、ガスを供給する義務があり、需要家の資産を含めた**ガス工作物**について、ガス事業者は保安を確保する義務を負っています。

　ガス機器では、ガス事業者が需要家に対し、ガス使用に伴う危険発生の防止に関し、必要事項を周知する義務が課されています。

　2017年4月からガスの小売全面自由化が導入され、ガス事業類型がガス製造事業（届出制）、**一般ガス導管事業**（許可制）、ガス小売事業（登録制）となりました。ガス料金は行政手続きが不要になり、ガス小売事業者が自由に設定できるようになりました。ガス供給が受けられない場合、一般ガス導管事業者による最終保証供給サービスとしてガスを供給します。ガス機器の保安責任はガス小売事業者にあり、新規参入者にも義務が課せられます。

📍 LPガスの法規制と政策

　LPガス販売事業者は、**液化石油ガス法**に基づき、ガスの漏えいによる爆発や火災、不完全燃焼による一酸化炭素中毒などの事故が起こらないよう、供給設備や消費設備の点検などの保安業務を万全に行うことが義務付けられています。LPガスはもともと自由化されていたため、都市ガスのような政策はありません。

▶ 都市ガスの小売全面自由化後の事業類型

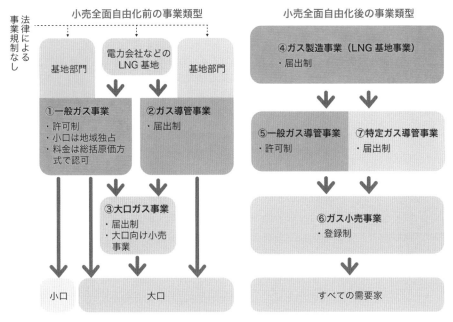

※小売全面自由化前のガス事業法においては、上記の事業類型のほか、簡易ガス事業も存在
出典：一般社団法人 日本ガス協会「都市ガス事業について」をもとに作成

▶ 小売全面自由化後の保安責任区分

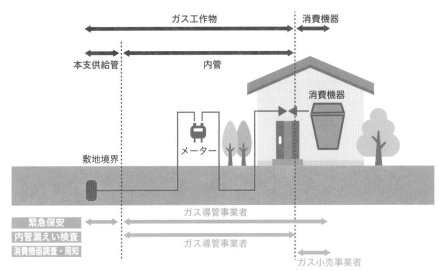

出典：一般社団法人 日本ガス協会「都市ガス事業について」をもとに作成

Chapter5 09

ガス事業の最優先事項である安全性の確保

ガスは日本の基幹エネルギーですが、取り扱いを間違えると大事故につながる危険性もあります。ガス事業者はガスの製造から供給、配送、利用まで、24時間体制で安全確保に努めています。

都市ガス事業者の安全・安心への取り組み

ガス業界は、ガス使用の安全を確保するために多岐にわたる取り組みを進めています。まずマイコンメーターは、ガス漏れや地震などを感知し、ガス供給を自動で遮断します。また、不完全燃焼を防止する装置が付いたガス小型湯沸器、火が消えるとガス供給を停止する装置が付いたガスコンロ、転倒するとガス供給を自動で遮断するガスファンヒーターなどがあります。これらの技術の導入により、家庭でのガス使用がより安全になりました。

都市ガス事業は、風水害での被害はほとんどありません。一方、ガス導管は地下に埋設されているため、3つの地震対策に積極的に取り組んでいます。まず設備対策では、地震に強いポリエチレン管の導入を進めています。次に緊急対策では、地震発生後に二次災害を防止するため、揺れの大きかった地域のガス供給を停止します。さらに復旧対策では、災害発生でガスの製造・供給が停止した場合、ほかのガス事業者が応援する体制を確立しています。

LPガス事業者の安全・安心への取り組み

LPガス事業者も、安全機器や安全装置付きガス機器の普及に努めています。経済産業省は2021年4月、「液化石油ガス安全高度化計画2030」を策定しました。2030年の死亡事故ゼロに向け、国、都道府県、LPガス事業者などが共同で安全・安心な社会を実現することを目指しています。4つのアクションプランとして、消費者起因事故対策、販売事業者起因事故対策、自然災害対策、そして保安基盤の整備に取り組んでいます。

全国LPガス協会は2022年7月、「LPガスビジョン2030」を発表し、4つのアクションプランと一致した活動を展開しています。

ガス漏れ
ガス漏れのリスクには、ガスの吸い込みによる中毒、ガス機器の不完全燃焼による一酸化炭素中毒、ガスへの引火など。

ポリエチレン管
強度と伸びやすさを兼ね備え、地震でガス導管に力がかかってもガス漏れが発生しない。また腐食にも強い特性がある。

復旧対策
1995年の阪神・淡路大震災の復旧では、全国のガス事業者から最大約9,700人が応援に駆け付けた。

▶ 家庭のガス設備の安全システムの例

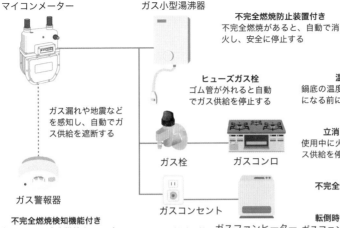

マイコンメーター

ガス小型湯沸器

不完全燃焼防止装置付き
不完全燃焼があると、自動で消火し、安全に停止する

ガス漏れや地震などを感知し、自動でガス供給を遮断する

ヒューズガス栓
ゴム管が外れると自動でガス供給を停止する

温度センサー
鍋底の温度を測定し、危険温度になる前に自動で消火する

ガス栓

ガスコンロ

立消え安全装置付き
使用中に火が消えると自動でガス供給を停止する

ガス警報器

不完全燃焼防止装置付き

不完全燃焼検知機能付き
ガス漏れと不完全燃焼をランプと警報音で知らせる

ガスコンセント

ワンタッチ接続で接続ミスを防止する

ガスファンヒーター

転倒時ガス遮断装置付き
ガスファンヒーターが転倒すると、自動でガス供給を遮断する

出典：一般社団法人 日本ガス協会「都市ガス事業の現況2022-2023」を参考に作成

▶ 液化石油ガス安全高度化計画2030の一部

安全高度化目標 2030年の死亡事故ゼロに向けた、国、都道府県、LPガス事業者、消費者、および関係事業者などが各々の役割を果たすとともに、環境変化を踏まえて対応することで、各々が共同して安全・安心な社会を実現する

実行計画（アクションプラン）

1. 消費者起因事故対策
●CO中毒事故防止対策
・業務用施設などに対する安全意識向上のための周知・啓発
・業務用喚起警報器・CO警報器の設置促進　など
●ガス漏えい事故防止対策
・安全な消費機器などの普及促進
・周知などによる保安意識の向上
・誤開放防止対策の推進　など

2. 販売事業者起因事故対策
●設備対策
・供給管・配管の事故防止対策
・調整器、高圧ホースなどの適切な維持管理
・軒先容器の適切な管理
●その他事故防止対策
・他工事事故防止対策
・質量販売に係る事故防止対策
・バルク貯槽などの告示検査対応

3. 自然災害防止対策
●地震・水害・雪害対策
・災害に備えた体制構築
・迅速な情報把握
・容器の転倒・流出防止対策
・雪害事故防止対策

達成状況やリスク変化に応じた見直し

4. 保安基盤の整備
●保安管理体制
・経営者などの保安確保に向けたコミットメントおよび保安レベルの自己評価
・LPガス事業者などの義務の再確認　など

●スマート保安の推進
・スマートメーター集中監視などを利用した保安の高度化
・その他のスマート保安に関するアクションプラン

基本的方向　①事故分類ごとにおける対策の推進継続　②各主体の連携の維持・強化
③事業者などの保安人材の育成　④一般消費者などに対する安全教育・啓発

出典：経済産業省「LPガスの安全に向けた取組」をもとに作成

Chapter5
10

ガスを安全・安心に使うための基礎知識

ガス事業者は自らガスの安全対策に積極的に取り組むかたわら、消費者が使い方を間違うと重大な事故に至る可能性があるため、ガスの安全基礎知識をまとめ、消費者に周知しています。

ガスを安全に使うための基礎知識

ガス機器は、ガスの種類に適合したものを使わないと、火災や不完全燃焼につながる危険性があります。また、ガス機器を設置する際は、壁や可燃物からの距離に注意が必要です。ガス機器、ガス栓、ガスコンセントおよび接続具（ガスコードやゴム管など）は正しく接続し、ガス漏れのリスクを軽減しましょう。

ガス機器を使う際は必ず**換気**をします。換気が不十分だと不完全燃焼になり、**一酸化炭素中毒**を引き起こす危険性があります。キッチンでは換気扇を回すか窓を開けましょう。ガスファンヒーターを使う場合は30分に1回程度、新鮮な空気へ入れ替えます。

ガス臭いと感じたら、正しく対処しましょう。まず、火気は絶対に使ってはいけません。また、火花に引火すると大事故につながる危険性があるので、換気扇などの電気器具のスイッチにも手を触れないようにします。次に、戸や窓を大きく開けて換気をしましょう。ガス栓やメーターガス栓、そしてLPガスの場合はガスボンベのバルブを閉めたうえで、ガス事業者に連絡します。

万が一に備え、不完全燃焼による一酸化炭素の発生、ガス漏れ、火災などをランプと音声で知らせる警報器の設置も有効です。

地震時の対応

地震の際には、火を消すことより、まず自分の身の安全を確保することが最優先です。震度5相当以上の強い揺れを感じた場合、ガスを自動で遮断するガスメーターが、ほとんどの家庭に設置されています。揺れが収まり、周囲の安全を確認できたあと、ガスや火が消えているかどうかを確認します。

換気
都市ガスは空気より軽いため上にたまりやすく、LPガスは空気より重いため下にたまりやすい。それぞれの性質を踏まえ、十分に換気する必要がある。

一酸化炭素中毒
一酸化炭素は、無色・無臭で、強い毒性をもち、少量でも危険。気づかないうちに頭痛や吐き気などを引き起こし、手足がしびれて動けなくなることがある。重症になると、脳細胞が破壊されたり意識不明になったり、死に至ることもある。

▶ 家庭のガス設備の安全システムの例

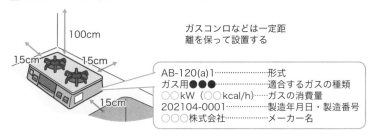

ガスコンロなどは一定距離を保って設置する

100cm
15cm　15cm
15cm

AB-120(a)1······················形式
ガス用●●●·····················適合するガスの種類
○○kW（○○kcal/h）·····ガスの消費量
202104-0001·················製造年月日・製造番号
○○○株式会社·················メーカー名

●換気を適切に行う

キッチンでは換気扇を回す（都市ガスは上に、LPガスは下にたまりやすい）

ガスファンヒーターを使う場合は30分に1回程度、新鮮な空気へ入れ替える

●火を使っている場から離れない

揚げ物をしているときなどはその場を離れない。離れる際は火を止める

出典：内閣府・政府広報オンライン「ガスを安全に使おう！ 日頃の点検やお手入れを大切に！」を参考に作成

▶ 液化石油ガス安全高度化計画2030の一部

●経済産業省
「ガスを快適＆安全にお使いいただくための情報」

都市ガス　　　　LPガス

●日本ガス協会
「安心・安全への取組」

●LPガス安全委員会
「「LPガスの安全情報」

●日本ガスメーター工業会
「「マイコンメーターの復帰方法（都市ガス編・LPガス編）」

●ガス警報器工業会
「ガス警報器一覧」

●日本ガス石油機器工業会
「ガス機器・石油機器の安全な使い方」

クリーンなエネルギー供給で地球環境に貢献

Chapter5 11

化石燃料のなかでも、ガスは温室効果ガスの排出量が比較的少ないクリーンなエネルギー源とされています。また、その供給も安定しているため、バランスのとれたエネルギーといえます。

◉ クリーンな原料とシステムの省エネで脱炭素化

都市ガス業界では、1969年のLNG導入以来、延べ1兆円以上の資金を投入し、石炭・石油から天然ガスへ原料を転換しました。この取り組みにより、クリーンなガス供給が実現しています。

都市ガスでは、LNGの冷熱利用や自然エネルギーを活用した気化器、コージェネレーションシステムなどの省エネ機器の導入が進められ、CO_2排出量の削減が図られています。LPガスでも輸入基地でのエネルギー使用量の削減などが進められています。さらに、パイプラインやガスメーターの改良により、ガスの漏れやロスを減らし、効率的な供給が実現しています。

天然ガスを使う機器や設備などの省エネ性能も向上しており、普及することでCO_2排出量のさらなる削減が期待されます。また日本ガス体エネルギー普及促進協議会は、高効率ガス機器の普及や上手な使い方の発信などを通じて地球環境に貢献しています。

◉ e-メタンを中心としたCO_2削減への挑戦

日本ガス協会は「カーボンニュートラルチャレンジ2050」により、2050年にガスのカーボンニュートラルを実現することを目指しています。ガス全体に占める割合を、e-メタン（90%）、水素（5%）、バイオガスなど（5%）にするという想定です。

e-メタンは、燃焼時にCO_2を排出しない水素と、回収したCO_2から合成したメタンです。e-メタンの燃焼で排出されるCO_2は、回収したCO_2とオフセット（相殺）されるため、e-メタンを使っても大気中のCO_2は増えません。また、既存の都市ガスのインフラや設備を有効活用できるため、コストを抑えながら効率的に脱炭素化を行う手段としてポテンシャルが大きいといえます。

冷熱利用
LNGが気化される際に発生する冷熱エネルギーは、発電やドライアイスの製造、食品の冷凍・冷蔵などに利用されるようになっている（P.140参照）。

バイオガス
廃棄物や農業残渣、生ごみ、紙ごみ、家畜ふん尿などから発生するガスで、メタンを主成分としている。地球温暖化の原因となるメタンガスを利用することで、その影響を抑制しつつ、エネルギー源として活用できる。

回収したCO_2
ガスの機器や設備、プラントから排出される排ガスからCO_2を回収する。また、大気中のCO_2を直接回収するDAC（Direct Air Capture）方法もある。どちらも回収コストが高いため、コストダウンに向けた研究開発が行われている。

▶ 天然ガスシステム普及によるCO_2削減のポテンシャル

天然ガスシステムの種類	2030年度	
	普及ポテンシャル	削減見込み量
コージェネレーション	3,000万kW	3,800万t-CO_2
家庭用燃料電池	300万台	435万t-CO_2
産業用熱需要の天然ガス化	25%	800万t-CO_2
ガス空調	2,600万RT	288万t-CO_2
天然ガス自動車	50万台	670万t-CO_2

※RT：冷凍トンのこと。冷凍機の能力を表す単位で、1RTは1日（24時間）に1トンの0℃の水
　を氷にするために除去すべき熱量
※出典：一般社団法人 日本ガス協会「環境への取り組み」をもとに作成

▶ カーボンニュートラルチャレンジ2050で目指す姿

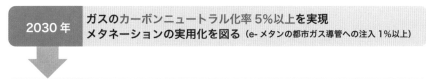

2030年	ガスのカーボンニュートラル化率5%以上を実現 メタネーションの実用化を図る（e-メタンの都市ガス導管への注入1%以上）

2050年	複数の手段を活用し、ガスのカーボンニュートラル化の実現を目指す

2050年のガスのカーボンニュートラル化の実現に向けた姿

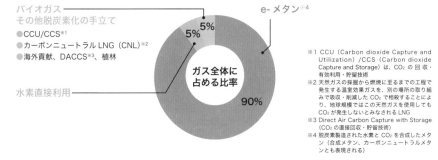

バイオガス
その他脱炭素化の手立て
- CCU/CCS[1]
- カーボンニュートラルLNG（CNL）[2]
- 海外貢献、DACCS[3]、植林

水素直接利用

e-メタン[4]

ガス全体に
占める比率

5%
5%
90%

※1 CCU（Carbon dioxide Capture and Utilization）/CCS（Carbon dioxide Capture and Storage）は、CO_2の回収・有効利用・貯留技術
※2 天然ガスの採掘から燃焼に至るまでの工程で発生する温室効果ガスを、別の場所の取り組みで吸収・削減したCO_2で相殺することにより、地球環境ではこの天然ガスを使用してもCO_2が発生しないとみなされるLNG
※3 Direct Air Carbon Capture with Storage（CO_2の直接回収・貯留技術）
※4 脱炭素製造された水素とCO_2に合成したメタン（合成メタン、カーボンニュートラルメタンとも表現される）

出典：一般社団法人 日本ガス協会「都市ガス事業の現況 2022-2023」をもとに作成

Chapter5 12

地域の経済と文化・スポーツの活性化を担うガス事業者

ガス事業者は安定的にエネルギーを供給することで、それぞれの地域の経済活性化に貢献しています。加えて、地域に根差す企業としての役割を果たし、各地の文化を積極的に発信するとともに、スポーツ振興にも努めています。

地域の経済活性化に寄与するガス事業

　全国のガス事業者は、地域住民が安心して生活でき、企業が事業を発展できるように、エネルギー供給を行っています。人口減少や高齢化、気候変動などの課題が多く存在するなか、ガス事業者は地域の自治体や企業と連携し、地方創生のまちづくり、脱炭素化の推進、レジリエンスの強化などに取り組んでいます。

　都市ガス業界は、エネルギーの地産地消に基づく **S＋3E** のまちづくりを推進しています。これには、需要地で電気や熱を生産し、地域で管理することが含まれます。これにより、脱炭素化の推進、レジリエンスの強化、地方創生への貢献が期待されます。

　LPガスは、エネルギー供給の「最後の砦」といわれています。LPガスはボンベなどで長期保存が可能で、電気が不要で自立稼働が可能な分散型エネルギーです。東日本大震災でも高いレジリエンスを発揮した、LPガスを備蓄する **バルク貯槽** と供給設備が一体となった「LPガス災害バルク」の設置も広がっています。

地域の文化・スポーツ振興

　ガス事業者は、地域を代表する企業として、芸術や文化の発展を支えてきました。たとえば、文化庁の「企業による芸術文化支援活動」で表彰された大阪ガスは、まちの魅力を歴史・文化的側面から発掘・発信し、関西演劇の支援などを行っています。また、ガス業界はスポーツ振興にも力を入れています。都市ガス **大手4社** は社会人野球の強豪で、プロ野球選手も多数輩出しています。各野球チームは地元で野球教室を開催するなど、地域スポーツの活性化に貢献しています。また、プロサッカーチームを保有する東京ガスは、地域サッカーの活動支援を長年行っています。

レジリエンス
平常時にエネルギーを安定的に供給し、災害などの緊急時にエネルギー供給の支障を迅速に復旧する能力のこと。

S＋3E
安全性（Safety）を前提に、安定供給（Energy Security）、経済効率性（Economic Efficiency）、環境適合（Environment）を同時に実現する日本のエネルギー政策の考え方。

バルク貯槽
大型のLPガス容器で、移動させずに固定して使うもの。

大手4社
東京ガス、大阪ガス、東邦ガス、西部ガス。

▶ 日本のエネルギー政策における「S＋3E」

S＋3E

Safety
安全性

安定供給

経済
効率性

環境適合

安全性が大前提

Energy Security（自給率）

東日本大震災前（約20%）をさらに上回る
30%以上を2030年度に見込む（2020年度11.3%）

Economic Efficiency（電力コスト）

2013年度の9.7兆円を下回る
2030年度8.6〜8.8兆円を見込む

Environment（温室効果ガス排出量）

2050年カーボンニュートラルと整合的で野心的な削減
目標である2030年度に2013年度比−46%※を見込む
※非エネルギー起源 CO_2 などを含む温室効果ガス全体での削減目標

出典：資源エネルギー庁「2022 ―日本が抱えているエネルギー問題（前編）」（2023-09-01）をもとに作成

▶ LP ガス災害バルクの活用例

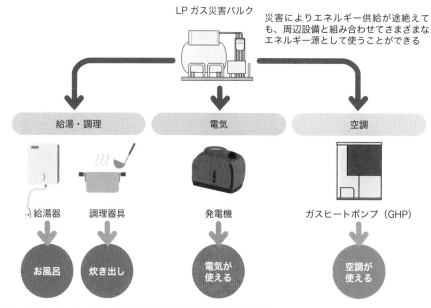

LP ガス災害バルク

災害によりエネルギー供給が途絶えて
も、周辺設備と組み合わせてさまざまな
エネルギー源として使うことができる

給湯・調理

電気

空調

給湯器　調理器具

発電機

ガスヒートポンプ（GHP）

お風呂　炊き出し

電気が
使える

空調が
使える

出典：一般財団法人 エルピーガス振興センター「災害バルクとは」を参考に作成

ガス業界のDX最新動向

DX銘柄に選定される
ガス会社

　経済産業省はDXに先進的に取り組む企業を、2015年から「攻めのIT経営銘柄」、2020年から「DX銘柄」として業種別に選定しています。

　電力・ガス業界では大阪ガスが2015年、東京ガスが2016年に選定されました。電力業界より先にガス業界が選定されているのです。

　大阪ガスはデータ分析・活用の先進性が評価されました。大阪ガスは1998年、研究部門にデータ分析の専門部署を組織し、経営の意思決定支援から現場の生産性向上まで、幅広い課題にデータ分析を適用してきました。2006年にはデータ分析の専門部署を本社のシステム部門に移し、データ分析の適用範囲を拡大するとともに、全社員向けにデータ分析研修を行い、さらにIT子会社のオージス総研でデータ分析の外販を始めるなど、データ分析によるDX推進を行っています。

　LPガス業界では、日本瓦斯（ニチガス）が2016年から2022年まで、7年連続で選定されました。LPガス事業の供給体制の抜本的な改革や、業務のフルクラウド化を実現するなど、DXを推進してきたことが評価されました。

AIによる効率化と
事業創出

　電力・ガス業界では今後、AIをいかに活用するかが、競争優位性を確立する条件になるといわれます。

　特に2022年11月に公開された革新的な生成AIサービス「ChatGPT」は世界に衝撃を与えました。

　エクサウィザーズが2023年5月に開催したセミナー「エネルギー業界はChatGPTをどのように捉え、AIをどのように活用していくべきか？」では、電力、ガス、石油の各業界の主要な代表者が参加し、これを皮切りに生成AI活用に関する競争が始まりました。そして、若手社員のけん引などにより、顧客対応業務や文章作成業務などへ生成AIの導入が始まっています。

　生成AIによる社内業務の効率化の先には、生成AIを活用した新規事業の創出も期待されています。

第6章

ガス関連のビジネスの
しくみ

ガス業界は、都市ガス大手4社、なかでも東京ガスと
大阪ガスが牽引しています。ガスも自由化が実現した
ものの参入障壁が高く、電力ほど新規参入者は伸びて
いません。ここでは、ガスの採掘から販売に至るまで
に存在するさまざまなビジネスと、そこで活躍するプ
レーヤー、ビジネスモデルなどを見ていきます。

Chapter6 01

都市ガス業界をリードする東京ガスと大阪ガス

約200社ある都市ガス事業者のなか、都市ガス大手4社は東京ガス、大阪ガス、東邦ガス、西部ガスです。東京ガスと大阪ガスの二強が切磋琢磨し、都市ガス業界の発展を牽引してきました。

ビジョナリーな経営を展開する東京ガス

東京ガスは、都市ガスの国内販売シェアで約34％を占め、トップの地位にあります。また、新電力（P.22参照）としての小売電力販売件数でも約347.5万件でトップです。これは、日本で最も歴史が長く、最大の都市ガス事業者として代々のビジョナリーな経営者が業界を牽引してきた結果です。初代社長は「日本の資本主義の父」と呼ばれる、明治時代の実業家の渋沢栄一です。公益追求の信念をもち、近代都市とガス事業の発展を支えました。

東京ガスは1969年、日本で初めてLNG（P.16参照）を導入しました。これにより、石炭や石油からのガス生産を、クリーンな天然ガスによる生産へと転換し、日本経済の発展に大きく寄与しました。この成果は、公益社団法人 発明協会から戦後日本のイノベーション100選に選ばれるほどの評価を受けています。

東京ガスは2019年、CO_2ネットゼロを宣言しました。2050年を見据え、さらなる環境負荷の削減を目指し、温室効果ガスを削減する方向へ舵をとる英断をみせています。

進取の気性の大阪ガス

都市ガス業界で第2位の大阪ガスは、創業当時から外資の影響を受けてきました。このことから「元は外資系」ともいわれ、「進取の気性」の精神が企業文化に根付いています。実際、同社は現場部門が強く、現場が新しいことにチャレンジする社風です。

大阪ガスは1980年代以降、海外進出と事業多角化を積極的に進めてきました。その成果として、現在ではグループ全体の利益が、国内エネルギー事業、海外エネルギー事業、そして多角化事業という3つの柱でほぼ等分に近づいているのが特徴です。

渋沢栄一
ガス灯事業の創設、室内照明需要の獲得を行い、黒字化と民営化を実現。さらに、国産ガス機器の開発を推進し、家庭用ガス需要を増やす取り組みを行い、都市ガス事業の基礎を築いた。

CO_2ネットゼロ
大気中に排出されるCO_2と大気中から除去されるCO_2が同量でバランスがとれている状況のこと。

進取の気性
従来の習わしにとらわれることなく、積極的に新しい物事に取り組んでいこうという気質や性格。

▶ 東京ガスのセグメント別利益構成比 (2020年度)

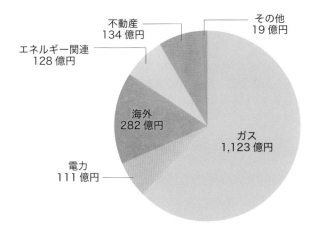

不動産
134 億円

エネルギー関連
128 億円

その他
19 億円

海外
282 億円

ガス
1,123 億円

電力
111 億円

出典：東京ガス株式会社「株主・投資家情報」をもとに作成

▶ 大阪ガス（Daigasグループ）のセグメント別利益とグループマインド

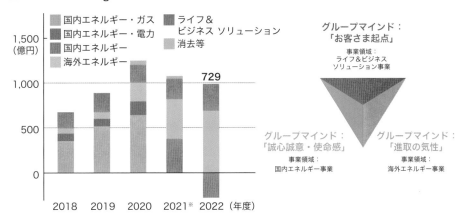

国内エネルギー・ガス
国内エネルギー・電力
国内エネルギー
海外エネルギー
ライフ＆
ビジネス ソリューション
消去等

1,500
(億円)

1,000

500

0

2018　2019　2020　2021※　2022（年度）

729

グループマインド：
「お客さま起点」
事業領域：
ライフ＆ビジネス
ソリューション事業

グループマインド：
「誠心誠意・使命感」
事業領域：
国内エネルギー事業

グループマインド：
「進取の気性」
事業領域：
海外エネルギー事業

※2021年度から、国内エネルギー・ガスと国内エネルギー・電力を国内エネルギーへ統合し、大阪ガスインターナショナルトランスポート（株）などを海外エネルギーから国内エネルギーに移管。併せて、大阪ガス（国内エネルギー・ガス）に含まれる海外エネルギーのための営業費用を海外エネルギーに移管
出典：Daigasグループ「統合報告書2023」「Daigasグループについて」をもとに作成

Chapter6 02

M&Aで事業を拡大する地域のガス会社

地域のガス会社は、人口減少に伴う需要減少、後継者不足、電力小売自由化による電化浸透など、事業縮小の課題に直面しています。これに対し、中堅ガス事業者は、M&Aによる多角化や域外進出などの戦略をとっています。

ヤマサ
LPガス、LPガス充てん・配送、石油製品等販売、宅配水販売、リフォーム、ホームセンター、スーパー銭湯などの事業を展開。

不動産事業
2017年に、九州・中国・四国地方で不動産の分譲・管理・賃貸事業を手がけるエストラストをM&Aにより買収。

民営化
都市ガス供給には導管（パイプライン）敷設などに多額の投資が必要になる。高度経済成長期に民間事業者が進出しなかった地域では自治体が導管を敷設し、ガス供給を進めて公営都市ガスが拡大した。過去最大75あった公営は20以下に激減している。

事業拡大
2022年に、東京ガスグループのLPガス子会社である東京ガスエネルギーをM&Aにより子会社化し、関東圏でのLPガス事業も拡大。

都市ガス会社の事業拡大

　都市ガス業界第3位の東邦ガスは、愛知・岐阜・三重3県で、ガス事業、熱供給事業、電気供給事業などを行っています。2018年にはLPガス事業などを手がけるヤマサを子会社化し、LPガス事業の強化や多角化、域外の長野県への進出を図りました。

　一方、業界第4位の西部ガスは九州を拠点とし、中小ガス会社を積極的に買収して販売地域を拡大してきました。多角化の一環として不動産事業にも力を入れています。また静岡ガスは、2018年に島田ガス、2019年に中遠ガスをそれぞれ子会社化し、静岡地域における都市ガス・LPガス事業の拡充を図っています。公営の都市ガス事業者では、M&Aによる事業拡大戦略がとれないため、民営化の動きが加速しています。

LPガス会社の多角化や業務提携

　LPガス小売最大手である岩谷産業は、1953年に日本で初めて家庭用LPガスの全国販売を開始し、現在では全国440万世帯にLPガスを供給しています。また、水素供給でもトップの地位にあり、大手企業と協力して事業拡大を図っています。2016年には関西電力と共同で「関電ガスサポート」を設立し、ガス販売から機器修理、保安業務に至るまで幅広く手がけています。

　業界第3位の日本瓦斯（ニチガス）は、関東圏を中心にLPガス事業、都市ガス事業、電力事業などを展開しています。これまでに東彩ガス、東日本ガス、新日本瓦斯、北日本ガスなどを子会社化し、ガス事業を拡大してきました。2018年には東京電力との提携により、東京電力のガス事業およびニチガスの電力事業を拡大しています。また、海外事業にも積極的に取り組んでいます。

▶ 都市ガス事業者ランキング

	需要家数 (個)	年間需要量 (千m³)	従業員数 (人)	導管延長数 (km)
東京ガス	12,057,224	14,308,811	5,875	62,783
大阪ガス	7,547,314	8,215,564	3,152	51,543
東邦ガス	2,531,059	3,893,752	2,702	30,225
西部ガス	1,091,431	892,035	1,110	10,160
京葉瓦斯	972,105	692,040	770	6,520
北海道ガス	594,590	655,190	962	5,572
北陸ガス	421,681	409,933	439	6,075
広島ガス	416,788	465,081	647	4,276
仙台市ガス局	343,806	265,668	435	4,360
静岡ガス	320,469	1,558,669	654	4,532
東彩ガス	295,394	215,171	229	3,247
四国ガス	256,508	211,391	468	3,327
サーラエナジー	239,241	379,828	307	4,370
武州ガス	228,907	308,675	303	2,660
東部ガス	220,968	251,895	495	3,641
大多喜ガス	178,303	694,361	290	2,488
山口合同ガス	175,573	346,876	437	3,039
岡山ガス	143,267	169,655	251	2,507
東海ガス	56,246	138,806	200	1,200
太田都市ガス	12,704	157,350	37	317

※ 2022年の数値。需要家数は取付メーター数。データ不明の場合は「0」表記
出典：一般社団法人エネルギー情報センター・新電力ネット「ガス会社一覧」をもとに作成

▶ LPガス小売事業者ランキング

	販売量 (t)	本社	LPガス主要仕入先
岩谷産業	1,376,000	大阪・東京	中東・ENEOSグローブ・コスモ
エネサンスホールディングス	635,000	東京	昭和シェル・ENEOSグローブ・アストモス・EMG
日本瓦斯（ニチガス）	620,000	東京	―
伊藤忠エネクス	569,000	東京	JGE・ENEOSグローブ・昭和シェル
東邦液化ガス	423,101	名古屋市	コスモ・アストモス・ENEOSグローブ
全国農業協同組合連合会	410,000	東京	アストモス・ENEOSグローブ・岩谷・EMG
大陽日酸	400,000	東京	アストモス・エネサンス
ミツウロコ	382,000	東京	EMG・ENEOSグローブ
シナネン	343,773	東京	コスモ・アストモス
サイサン	335,000	さいたま市	JGE・ENEOSグローブ・EMG

出典：株式会社ガイエスト・プロパンガス料金.com「プロパンガス会社ランキング」をもとに作成

Chapter6 03

電力自由化より少ない ガス自由化の新規参入者

都市ガス事業への参入障壁は、天然ガス調達の困難さ、ガス卸取引市場の欠如、厳しい保安体制の必要性です。しかし、すでに数十社が新規参入し、新料金プラン、セット割引、暮らしサービスでの競争が始まりました。

ガス自由化による新規参入者のシェア

2017年、都市ガスは家庭用も含めた小売が全面自由化となり、都市ガス大手4社の供給区域を中心に数十社が新規参入しました。2021年8月現在、新規参入者のシェアは、家庭用14.4％、商業用6.5％、工業用23.2％、合計18.9％となりました。

都市ガス事業への新規参入の3つの障壁

電力自由化では数百社が新たに参入したのに比べ、都市ガスの新規参入者は少ないといわれています。その原因は主に3つあります。1つめに、天然ガス調達の困難さがあります。電力の場合、新規参入者は既存の電力会社のように大型の発電所を保有しなくても、太陽光発電や風力発電などの分散型発電所を比較的安価に保有できます。しかし、都市ガスの原料である天然ガスは、96％を輸入に依存しており、輸入のためのLNG基地の建設には莫大なコストがかかるため、新規参入者が保有することは困難です。その場合、LNG基地を保有する企業から調達するしかありませんが、そうした企業は主に電力・ガス・石油の大手企業です。主な大手企業はガス事業に参入しているので、競争相手となる新規参入者に販売するメリットがありません。

2つめは、ガス卸取引市場の欠如です。電力の場合、送電網の国土カバー率は100％で、電力卸取引市場があるため、発電所を保有しない新規事業者も電力を調達できます。一方、導管（パイプライン）の国土カバー率は約6％にとどまり、ガス卸取引市場は存在しないため、ガス製造設備を持たない事業者は、ガスを卸取引市場から調達できません。そして3つめに、ガスは電気より厳しい保安管理の徹底が求められることが原因に挙げられます。

分散型発電所
需要地の近くに分散して存在する小規模な発電所。それに対し、需要地から離れた大型発電所は中央集権型発電所とも呼ばれる。

LNG基地
全国に31か所。一次基地と二次基地があり、一次基地は大型LNGタンカーで海外からLNGを受け入れる基地、二次基地は一次基地から内航船でLNGを受け入れる基地を指す。

サービスの多様化
新規参入者だけではなく、既存の都市ガス事業者も新たなサービスの提供を開始している。大阪ガスによる家庭用インターネット通信サービスや、東京ガスによる水廻りの修理サービスなど。

▶ 自由化後の都市ガス事業への新規参入者（2022年3月時点）

東京ガス区域

東京電力エナジーパートナー
日本ガス
東彩ガス
東日本ガス
北日本ガス
河原実業
レモンガス
ガスバル
ファミリーネット・ジャパン
ENEOS
イーレックス
中央電力
CD エナジーダイレクト
エネックス
PinT
エフビットコミュニケーションズ
アストマックス
イーエムアイ
日東エネルギー
アースインフィニティ
グローバルエンジニアリング
東京エナジーアライアンス
サイサン
ミツウロコグリーンエネルギー
エルビオ

東京ガス周辺エリア

日本ガス
北日本ガス
サイサン
東彩ガス
河原実業
東京ガス
東日本ガス

大坂ガス区域

関西電力
ガスバル
東京電力エナジーパートナー
エフビットコミュニケーションズ
イーエムアイ
アースインフィニティ
東京エナジーアライアンス
イーレックス
ファミリーネット・ジャパン
ミツウロコグリーンエネルギー
PinT
サイサン

大津市区域

関西電力
びわ湖ブルーエナジー

東邦ガス区域

中部電力ミライズ
東京電力エナジーパートナー
ガスバル
イーエムアイ
エフビットコミュニケーションズ
サイサン
グローバルエンジニアリング
T&T エナジー
東京エナジーアライアンス
イーレックス
ファミリーネット・ジャパン
ミツウロコグリーンエネルギー
PinT
エルビオ

西部ガス区域

九州電力
島原 G エナジー
サイサン（予定）
西部ガス佐世保
西部ガス長崎
西部ガス熊本

日本ガス区域

コーアガス日本

北海道ガス区域

いちたかガスワン
北海道電力

静岡ガス区域

百一酸素（予定）

沖縄ガス区域

りゅうせき
白石
沖縄共同ガス

出典：第 37 回 総合資源エネルギー調査会 電力・ガス事業分科会 電力・ガス基本政策小委員会配布資料
出所：電力・ガス取引監視等委員会「（参考資料 20）ガス市場における競争状況」をもとに作成

▶ 新規参入による料金プランやサービスの多様化（2022年3月時点）

新たな料金プラン　145 プラン

一般家庭の需要家などに新たに提供される料金プラン

セット割引　48 プラン

都市ガスを電気、通信サービスなど、ほかのサービスとセットで割引価格により提供

ポイントサービス　23 サービス

都市ガスの支払料金に応じてポイントがたまり、たまったポイントは商品や電子マネーなどに交換可能

見える化サービス　8 サービス

ポータルサイトで都市ガスおよび電気の使用量や料金の確認を需要家自ら行うことが可能

暮らしサービス　37 サービス

駆け付けサービス
水廻りや鍵、窓ガラスのトラブルなど、緊急時に対応

見守りサービス
都市ガスの使用状況を離れた家族へメールで通知、異変を感知した際には関係機関へ連絡

家事支援サービス
料理・掃除など、家事代行や水廻り・エアコンなどのハウスクリーニングなど、住まいに関する支援を実施

電力買取サービス　5 サービス

エネファームや太陽光発電で発電した電力のうち、家庭で使われず余剰となった電力を買い取り

出典：第 14 回 ガス事業制度検討ワーキンググループ配布資料から引用
出所：電力・ガス取引監視等委員会「（参考資料 20）ガス市場における競争状況」をもとに作成

Chapter6 04

エネルギーの安定供給に取り組む国策企業3社

日本はエネルギーのほとんどを海外からの輸入に頼っているため、国策企業がエネルギー安全保障（P.18参照）を担っています。ガス採掘で海外中心のINPEX、国内中心のJAPEX、開発を支援するJOGMECの3社です。

海外のINPEX、国内のJAPEX

天然ガス産業では採掘・生産の工程を「上流ビジネス」と呼び、生産した天然ガスの輸送の工程を「中流ビジネス」、製造・供給の工程を「下流ビジネス」と呼んでいます。

上流ビジネスでは、鉱区を取得し、天然ガスを発掘して生産する施設を建設します。その施設で天然ガスが発掘された場合は、埋蔵量を評価し、輸送に必要な導管（パイプライン）などを建設します。そして、天然ガスの精製を経て、輸送に至ります。

日本は天然ガスの約96％を輸入に頼っており、上流ビジネスは海外メジャーがメインプレーヤーです。日本の主なプレーヤーには、海外中心のINPEX、国内中心の石油資源開発（JAPEX）があります。INPEXは、日本政府の資源外交を背景に世界約20か国で大規模プロジェクトを展開しており、海外事業の売上比率が約97％を占めるグローバル企業です。日本企業で初めて大型LNGプロジェクトの操業主体（オペレーター）となり、西オーストラリアのイクシスLNGプロジェクトを推進しています。

JAPEXは、1972年に新潟県で油ガス田を発見して以来、北海道、秋田県、山形県でも油ガス田を発見しました。国内総延長800kmを超えるパイプラインで仙台などに供給しています。

資源開発を支援するJOGMEC

資源価格の高騰や国際的な資源獲得競争が激化するなか、日本企業による資源開発への資金支援および資源備蓄を目的として、独立行政法人 エネルギー・金属鉱物資源機構（JOGMEC）が2004年に設立されました。JOGMECは、INPEXのイクシスLNGプロジェクトの債務保証も行いました。

海外メジャー
欧州の英BP、仏トタルエナジーズ、英蘭シェル、北米のエクソンモービル、シェブロン、中国の中国石油天然気（ペトロチャイナ）、中国海洋石油（シノック）、中国石油化工（シノペック）など。

INPEX
1941年に設立された、半官半民の国策会社である帝国石油がルーツ。今も筆頭株主は経済産業大臣である。

JAPEX
1955年に官営企業として設立。1970年に民営化されたが、今も筆頭株主は経済産業大臣である。

イクシスLNGプロジェクト
2018年にLNG出荷を開始。新潟県の直江津LNG基地で受け入れたLNGは気化後、総延長約1,500kmにわたるパイプラインで関東・甲信越・北陸地域に供給されている。

▶ INPEXの事業領域

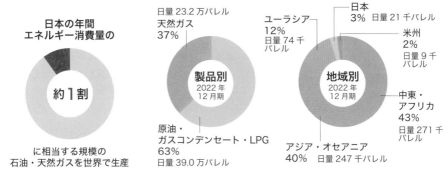

日本の年間
エネルギー消費量の

約1割

に相当する規模の
石油・天然ガスを世界で生産

日量23.2万バレル
天然ガス
37%

製品別
2022年
12月期

原油・
ガスコンデンセート・LPG
63%
日量39.0万バレル

ユーラシア
12%
日量74千バレル

日本
3% 日量21千バレル

米州
2%
日量9千バレル

地域別
2022年
12月期

中東・
アフリカ
43%
日量271千バレル

アジア・オセアニア
40% 日量247千バレル

出典：株式会社INPEX「早わかりINPEX」をもとに作成

▶ JAPEXが権益を保有する主な鉱区（状況）

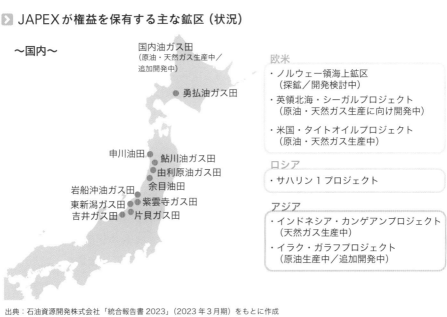

〜国内〜

国内油ガス田
（原油・天然ガス生産中／
追加開発中）

● 勇払油ガス田

申川油田 ● 鮎川油ガス田
● 由利原油ガス田
岩船沖油ガス田 ● 余目油田
東新潟ガス田 ● ● 紫雲寺ガス田
吉井ガス田 ● 片貝ガス田

欧米
・ノルウェー領海上鉱区
　（探鉱／開発検討中）
・英領北海・シーガルプロジェクト
　（原油・天然ガス生産に向け開発中）
・米国・タイトオイルプロジェクト
　（原油・天然ガス生産中）

ロシア
・サハリン1プロジェクト

アジア
・インドネシア・カンゲアンプロジェクト
　（天然ガス生産中）
・イラク・ガラフプロジェクト
　（原油生産中／追加開発中）

出典：石油資源開発株式会社「統合報告書2023」（2023年3月期）をもとに作成

 ONE POINT

債務保証も行うJOGMEC

JOGMECは、プロジェクトそのものへの出資だけではなく、金融機関などがプロジェクトに出資する際の債務保証も行っています。債務保証とは、債務者が債務を履行しない場合に、保証人が債権者に対して債務を保証することを指します。

バリューチェーンビジネスと
LNG冷熱を活用するビジネス

LNG（P.16参照）には、産出国から日本のLNG基地に輸送し、さらに二次基地（P.136参照）などへ運搬するバリューチェーンビジネスがあります。またLNG先進国の日本では、LNG冷熱を活用するビジネスも生まれました。

LNGのバリューチェーンにおけるビジネス

　天然ガスの産出国（産ガス国）では、採掘された天然ガスを導管（パイプライン）で液化基地に輸送し、液化してLNGタンクに貯蔵します。液化基地では、液化プラントの運営、LNGタンクやポンプの設計・調達・建設、基地間輸送のビジネスがあります。これには、世界のエンジニアリングの大手企業に加え、都市ガス業界の大手企業のエンジニアリング子会社も参入しています。

　LNGはLNGタンカーで産ガス国から日本へ輸送します。輸送では、LNGタンカーの製造・保有・運搬のビジネスがあり、日本の船舶産業の大手企業が参入しています。電力・ガス業界の大手企業は、LNGを日本のLNG基地で受け入れ、内航船でLNG二次基地まで輸送し、地域のガス会社に販売しています。

　LNG基地では、LNG受入設備、LNGタンク、再ガス化プラントなどの設計・建設・運営のビジネスがあります。パイプラインのない内陸部には、LNGローリーでLNGサテライト基地まで輸送します。ここでは、LNGローリーの製造・運用や、LNGサテライト基地の設計・建設・運営のビジネスがあります。

LNG冷熱を活用するビジネス

　日本は1969年からLNGを輸入しました。LNGは、－162℃の冷熱をもっていることから、東京ガスは1973年、冷熱活用に特化した東京酸素窒素（現在の東京ガスケミカル）を発足させました。LNG冷熱の直接用途として、液化酸素やドライアイスなどの製造、冷熱発電などのビジネスが生まれました。また間接用途として、食品・プラスチック・廃タイヤなどの低温粉砕、冷凍食品の製造などのビジネスも展開されました。

冷熱
LNGが気化される際に発生する冷熱エネルギー。

直接用途
冷熱を使って製品や電力をつくる用途。そのほかに、液化窒素・アルゴンの製造、液化炭酸ガスの製造、液化水素の製造、冷凍倉庫など。

間接用途
冷熱を使ってできた液化窒素を利用する用途。

冷凍食品
当時、大阪ガスの子会社であったキンレイの冷凍鍋焼きうどんは、ガス会社から生まれた最も有名な冷凍食品のひとつ。

▶ 大阪ガスのLNGトレーディングの例

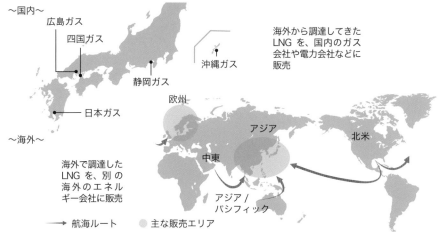

〜国内〜
広島ガス
四国ガス
沖縄ガス
静岡ガス
日本ガス

〜海外〜

海外で調達した
LNGを、別の
海外のエネル
ギー会社に販売

海外から調達してきた
LNGを、国内のガス
会社や電力会社などに
販売

欧州
アジア
北米
中東
アジア/
パシフィック

→ 航海ルート　● 主な販売エリア

出典：Daigasグループ「低・脱炭素化で世界が注目するLNG 安定的な調達・供給の舞台裏とは」（21.11.24）をもとに作成

▶ LNG冷熱を活用した発電システムの例

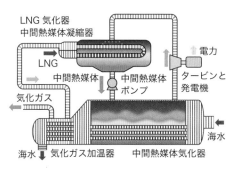

LNG気化器
中間熱媒体凝縮器
LNG
中間熱媒体
中間熱媒体
ポンプ
気化ガス
電力
タービンと
発電機
海水
海水　気化ガス加温器　中間熱媒体気化器

出典：Daigasグループ「LNG低温エネルギーを回収・発電することで、省エネ・省CO2に貢献する『冷熱発電システム』」をもとに
作成

ONE POINT

獲得したLNGを国際市場で取引

大阪ガスは、LNGタンカーの保有などにより、国際的なLNGトレーディングビジネスにも乗り出しました。LNGトレーディングとは、獲得したLNGを国際市場で売買する取引のことを指します。たとえば、日本が暖冬で北米が厳冬の場合、LNGタンカーの行き先を日本ではなく、ガス価格の高い北米に変えて転売することがあります。これらの取引は、世界のエネルギー需給のバランスを調整し、エネルギーの安定供給を実現する重要な役割を果たしています。

Chapter6 06

公平性が進む都市ガス輸送と効率化が進むLPガス配送

ガスの小売全面自由化後も導管部門は規制されていますが、自由化を担保するために会計分離や法的分離が導入されました。現状のLPガス配送システムは労働集約的であり、IT活用によるコストダウンが求められています。

ガス託送供給
ガスを供給する事業者（託送供給依頼者）のガスを、託送供給実施者が維持・管理する導管（パイプライン）で受け入れ、同時に受け入れた場所以外の地点で、受け入れた量と同量のガスを供給するサービス。託送供給の料金の設定には国の認可が必要になる。

法的分離
導管部門とそれ以外の部門を法的に独立した事業体に変更すること。これにより、東京ガスネットワーク、大阪ガスネットワーク、東邦ガスネットワークが誕生。

配送の効率化
LPガス容器を運ぶのは重労働で、配送ドライバーも不足しており、ITでの効率化が求められている。

デジタルツイン
現実空間のデータをもとに、コンピューター上で仮想空間を構築し、シミュレーションを行う技術。新しいLPガス配送を導入する前に仮想空間で最適化できる。

新規参入者が都市ガスを輸送するしくみ

2017年のガスの小売全面自由化で、都市ガス事業者の導管部門は一般ガス導管事業として許可制となりました。一般ガス導管事業はガス導管（パイプライン）網を維持する重要な役割があるため自由化されず、地域独占が認められています。新規参入者は、一般ガス導管事業者とガス託送供給契約を締結し、その事業者が所有するガス導管網を利用して都市ガスを供給します。

既存の都市ガス事業者は、導管部門とそれ以外の部門の収支を分ける会計分離が導入されました。新規参入者が、既存事業者の導管網を、既存事業者の小売部門と公平に使用できるようにするためです。都市ガス大手3社の導管部門は、より厳格な中立性を担保するため、2022年に法的分離が実施されています。

LPガス配送に求められる効率化・IT化

海外で生産されたLPガスは、外航船で国内の輸入基地に輸送されます。輸入基地のない地域へは内航船が使われ、全国各地のLPガス充てん所へはタンクローリーで輸送・貯蔵されます。そして、LPガス充てん所でLPガス容器へと分け、トラックに積み込んで各家庭に配送し、空の容器と交換します。

物流コストは、LPガス事業にかかるコストの3分の1を占めるため、配送の効率化が進められています。LPガス業界は、LPガス容器が空になる直前に交換できるよう、都市ガス業界より早く自動検針システムを普及させてきました。日本瓦斯（ニチガス）はデジタルツイン技術を用いて充てん所から家庭までの配送を効率化させ、さらにLPG託送として他社に開放することにも取り組んでいます。

▶ 法的分離で誕生した都市ガス導管部門の3社

	導管総延長	年間需要量	供給エリア
東京ガスネットワーク	63,189km	143億7,916万m³ （2021年度実績）	首都圏を中心とする1都6県（東京都、神奈川県、千葉県、埼玉県、栃木県、茨城県、群馬県）
大阪ガスネットワーク	約62,000km	82億1,556万m³ （2021年度実績）	関西地方を中心とした7府県（大阪府、京都府、三重県、滋賀県、奈良県、和歌山県、兵庫県）
東邦ガスネットワーク	約30,000km	約40億m³	愛知・岐阜・三重3県で54市21町1村

出典：各社webページ掲載の情報をもとに作成

▶ ニチガスの追求する物流システム

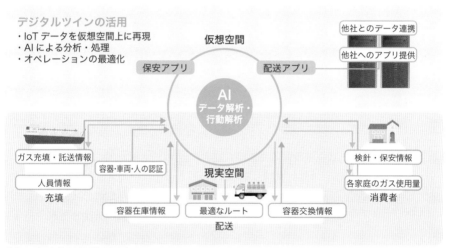

出典：日本瓦斯株式会社「統合報告書2021-22」をもとに作成

🖊 ONE POINT

LPG託送のビジネス

　LPG託送とは、ガス容器を配送するビジネスのことです。従来、ガス容器は需要家ごとに2台あり、1台はガス供給に使われ、もう1台は軒先在庫として予備で保管されています。これに対し、ニチガスはガス容器の利用を精緻に予測するシステムを構築し、空になる直前に交換することで軒下在庫をなくし、コストダウンに成功しました。ニチガスはLPG託送を自社で使うとともに、他社にも開放しています。

Chapter6 07

新しい商品・サービスを開発して多角化するガス小売

他燃料や同業他社と激しい競争を繰り広げてきたガス小売は、ガス販売だけではなく、ガス機器・設備、電気・通信、リフォーム、住まい・生活などに関連するサービスも展開し、生き残りを図っています。

サービスショップをチェーン店とする体制

都市ガス事業者はガスだけではなく、ガス機器・設備、電気・通信、住まい・生活などに関連するサービスも展開しています。都市部の大手企業と地域の中小企業では、小売の体制や手法などが大きく異なり、大手が新しい手法を開発し、地域に普及させる構図です。ここでは大手企業の小売部門のビジネスを紹介します。

小売部門は、家庭向けと法人向け（業務工業用）に分かれています。家庭向けは、地域のサービスショップをチェーン店とする体制をとっており、都市ガス事業者はサービスショップにガスの開栓・閉栓、ガス機器の販売・修理・点検などを委託しています。

都市ガス事業者は、商品・サービスの開発、マーケティング手法の開発、家庭向けの社員はルートセールスとしてサービスショップの指導・研修も行います。新しい商品には、高効率のガス機器、家庭用燃料電池、太陽光発電・蓄電池、ガス警報器・消火器などがあります。法人向けでは社員の直接販売体制が基本です。

大手企業の法人顧客には営業担当者を配属し、ガス販売だけではなく、個々のニーズに寄り添ったソリューションを提案します。たとえば工業部門の顧客であれば、他燃料からガスへの転換、それに伴う新しい工業炉の開発なども行います。

LPガス小売では避難所での発電などを強化

LPガス小売にも、家庭向けと法人向けがあり、社員の直接販売体制で、都市ガスと同様に新しい商品・サービスも販売しています。また、「エネルギー供給の最後の砦」といわれるLPガスは、災害時のレジリエンス（P.128参照）として、避難所などでのLPガスによる空調・発電などを強化しています。

サービスショップ
駅前や住宅地ごとにある「ガスのお店」や「ガス屋さん」と呼ばれる店舗。消費者の窓口として、ガス機器の販売・修理、困り事の解決などに対応する。大阪ガスでは200を超える店舗をチェーン店化している。従来の営業区域の限定を廃止し、競争環境に置いて品質向上を図っている。

商品・サービス
新しいサービスには、ガス機器リース、リフォーム、住まいや水廻りの修理、太陽光発電の余剰電力買取など。

ルートセールス
特定の顧客に営業をすること。都市ガス事業者の家庭向けの社員は、顧客を直接営業せず、地域のガスショップを支援し、ガスショップの営業員が顧客を営業する。

直接販売体制
顧客に直接営業をする体制。都市ガス事業者の業務工業向けの社員は顧客に直接営業をする。

▶ 小売部門の商品・サービスの例

キッチン関連
・ガスコンロ　　・リースサービス
・ガス炊飯器　　・保証サービス
・ガスオーブン
・レンジフード
・食器洗い乾燥機

リビング・空調関連
・ガスファンヒーター　・取替用ガス
・ガス温水床暖房　　　　コンセント
・ガスクリーン　　　　・ガスコード
　ヒーティング　　　　・ガス栓の増設
・ガスストーブ　　　　・ルームエアコン
・ガス温水ラジエーター・リースサービス

バス・洗面関連
・ガス給湯器　　　・リースサービス
・ガス温水浴室　　・保証サービス
　暖房乾燥機　　　・定額サービス
・ガス衣類乾燥機
・脱衣室暖房機

発電・省エネ関連
・エネファーム　　・蓄電池
・スマートエネ　　・太陽光発電
　ルギーホーム　　　余剰電力買取
・太陽光発電　　　　サービス
　システム　　　　・リースサービス

安全・安心関連
・ガス警報器　　　・住宅用消火器
・火災警報器　　　・ホーム
・安心・安全見守り　セキュリティ
　サービス

住まい・生活関連
・住まいの多様な　・水廻りや住まいの
　サービスとの　　　修理・困り事解決
　接続　　　　　　・プリント管理アプリ
・リフォーム　　　・おかず定期便
・リノベーション　・オンラインレッスン
　　　　　　　　　・納税サービス

出典：大阪ガス株式会社「商品・サービス」を参考に作成

▶ 法人顧客向けサービスの例

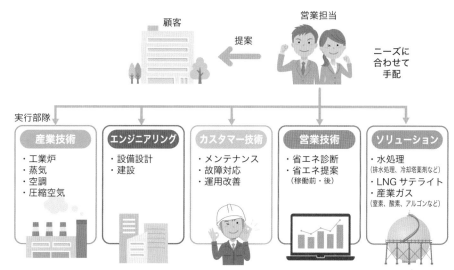

出典：東京ガス株式会社「省エネ・省コスト・省 CO_2 したい」を参考に作成

都市ガス大手の主導で
日本から世界のガス機器開発へ

日本では、都市ガス会社が自らガス機器を開発し、需要を開拓して業界を発展させてきました。日本初のガス機器である炊飯用の「瓦斯かまど」を開発したことに始まり、世界初の家庭用燃料電池を商品化するに至りました。

ガス機器
その後、暖房用の「瓦斯火鉢」や「瓦斯風呂」などを開発。

大手企業主導
世界の多くの電力会社は電化製品を開発しない。日本の都市ガス大手だけがガス機器を開発してきたため、研究開発力、商品開発力、マーケティング・営業力が強まり、規模の大きな電力会社と互角に渡り合えたといえる。

ブランド
ナショナルブランドとプライベートブランドがあり、ナショナルブランドはリンナイやノーリツなど、メーカーが販売するもの。プライベートブランドは都市ガス大手3社がメーカーから仕入れた機器をガス会社のブランドで販売するもの。東京ガスはプライベートブランドを廃止したが大阪ガスと東邦ガスは維持している。

パロマ
パロマの海外売上比率は約8割なので、国内シェアは第3位。

都市ガス大手の主導によるガス機器開発

　横浜のガス灯から始まった都市ガス事業は、電灯の発明により存亡の危機に瀕しました。そうしたなかで、東京ガスは1902年、日本初のガス機器である炊飯用の「瓦斯かまど」を発明しました。そこから、大手企業主導でガス機器を開発する歴史が始まります。

　都市ガスの大手3社は、研究開発、商品開発、マーケティング・営業の3部門を連携させ、自社ブランドのガス機器を開発する体制を構築してきました。研究開発部門はガスの燃焼や新素材の適用などの研究を行い、商品開発部門は量産を担うガス機器メーカーと商品開発を行います。東京ガスは1998年から家庭用燃料電池の開発に着手し、2009年にパナソニックと共同で開発した世界初の家庭用燃料電池「エネファーム」の販売を開始しました。

ガス機器メーカーではリンナイ、ノーリツが牽引

　ガス機器・設備の主なメーカーにはリンナイ、ノーリツ、パロマなどがあり、ガス給湯器のシェアではリンナイ（55%）、ノーリツ（27%）の2社で約8割を寡占しています。また、ビルトインコンロではリンナイ（53%）、ノーリツ（34%）、パロマ（10%）、ガスファンヒーターではリンナイ（約70%）、ノーリツ（約30%）の順です。

　ガス機器メーカーの売上高は、パロマ9,074億円、リンナイ4,252億円、ノーリツ2,110億円です。一方、家電メーカーは、ソニーグループ11.5兆円、日立製作所10.9兆円、パナソニック8.4兆円に対してガス機器メーカーは規模が小さいため、都市ガスの大手企業がガス機器開発に関与してきました。都市ガス用の機器が開発されたあと、LPガス用にも展開されます。

▶ 燃料電池のしくみ

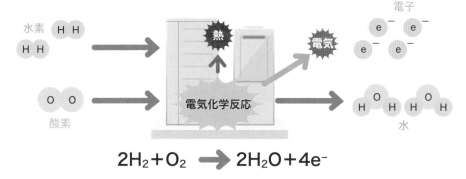

水素と酸素から電気と
熱をつくる燃料電池
「エネファーム」

水素

酸素

電気化学反応

熱

電気

電子

水

$$2H_2 + O_2 \rightarrow 2H_2O + 4e^-$$

出典：パナソニック ホールディングス株式会社「4 家庭用燃料電池『エネファーム』編」をもとに作成

▶ ガス機器メーカー 3 社の売上高推移

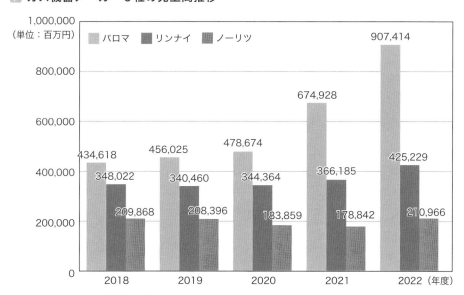

※リンナイのみ翌年 3 月期、他 2 社は同年 12 月期
出典：各社の有価証券報告書をもとに作成

初期費用ゼロのESCOを
エネルギーサービスへ応用

都市ガス業界には、初期費用ゼロで実施するビジネスがあります。これは、初期費用をかけずに省エネ改修を行うESCOを応用したもので、エネルギー供給設備を保有せずに、エネルギーの安定供給を実現するサービスです。

初期費用ゼロで省エネ改修を行うESCO

ESCO（Energy Service Company）とは、エネルギー消費量の多いビルや工場などを保有する顧客が、省エネ改修を行う際、改修にかかる初期費用を、省エネ効果によって削減された光熱水費分で賄う事業です。これにより、顧客は初期費用ゼロで省エネ改修を実施できます。

ESCO事業者は、省エネ改修のメリットを見極めたうえで初期費用を負担し、省エネ改修を行います。改修後、省エネ効果によって削減された光熱水費分から、初期費用を引いた残りの金額を、顧客とESCO事業者で分け合うしくみです。

ESCOはオイルショック後、省エネ機運の高まった1970年代に米国で生まれました。日本には1990年代後半に導入され、都市ガスの大手企業や機器メーカーなどが参入しました。しかし、日本の建物は米国に比べ、エネルギー消費量が少ないことから、省エネ改修のメリットが小さく、ESCOの普及は限定的でした。

ESCOの派生形のエネルギーサービス

2000年代に入ると、ESCOの派生形としてエネルギーサービスが誕生しました。顧客は自社の敷地内にエネルギー供給設備を設置し、その設備の利用料を支払うことで、安定的にエネルギー供給を受けられるしくみです。サービス事業者がエネルギー供給設備を保有し、設備のメンテナンスや修理、運転管理を行います。この派生形のESCOは、都市ガスの大手企業の新しいビジネスとして広がっています。たとえば、工場へのガスコージェネレーションシステム、太陽光発電システム、水処理システムの導入や、病院へのガス空調システムの導入などで採用実績があります。

省エネ改修
省エネルギー改修。ビルや工場を対象に、エネルギー機器の更新や断熱強化など、省エネ目的で改修工事を行うこと。

初期費用ゼロ
シェアード・セービングス契約とギャランティード・セービングス契約の2つがあり、初期費用ゼロは前者。後者は顧客が初期費用を負担し、改修後の省エネのメリットをESCO事業者が保証することで、顧客のメリットを最大化する。

エネルギー供給設備
コージェネレーション設備などを設置。

採用実績
大阪ガスは北海道から九州・沖縄まで全国で採用実績がある。2022年3月時点で累計の取扱件数は1,254件、累計の取扱金額は1,090億円。

▶ ESCOビジネスのしくみ

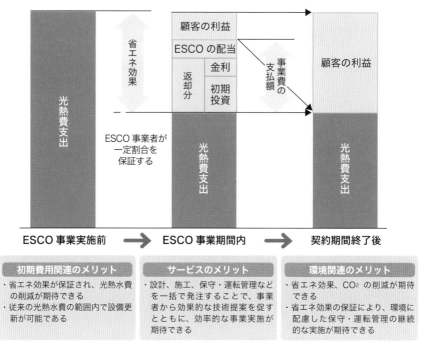

出典：環境省「ESCO事業（省エネルギー改修事業）」をもとに作成

▶ エネルギーサービスのビジネスの例

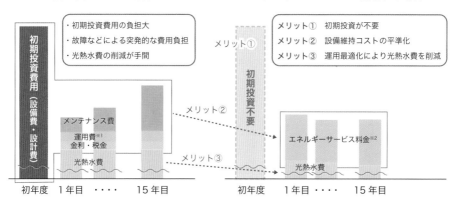

※1 設備のオペレーションにかかる人件費など
※2 従量料金または定額料金を選択できる
出典：大阪ガス株式会社、Daigas エナジー株式会社「エネルギーサービス イニシャル・ランニングコスト平準化」をもとに作成

Chapter6
10

縮小する国内ガス事業から
海外ビジネスに活路

利益の3分の1を海外で稼ぐ大阪ガスを筆頭に、ガス事業者の海外進出が広がっています。またガス機器メーカーでも、海外事業の売上比率が8割を超えるパロマをはじめ、海外展開が加速しています。

📍 北米や東南アジアなどでガス事業を展開

ガス田の権益
都市ガスの大手企業は、LNGを安定的に調達するために海外ガス田の権益を確保している。収益獲得の目的もある。

大阪ガスは1990年、インドネシアのガス田の権益を取得しました。これがガス事業者で初めての海外進出となりました。その後、2000年にはオーストラリアのLNGプロジェクトに参画し、ガス企業で初めて自社LNG船を保有して、LNGトレーディング事業を開始しました。2013年にはシンガポールでガス販売事業を開始、2018年には米国のシェールガス開発会社であるサビン社を買収するなど、積極的に海外ビジネスを展開しています。

海外ビジネス
そのほか、米国のエネルギーサービス事業や天然ガス火力発電事業、ベトナム、インドネシア、タイのガス配給事業、メキシコ再エネ事業などに参入。

また、東京ガスは2003年以降、オーストラリアのLNGプロジェクトに参画し、メキシコの天然ガス火力発電事業や、米国のシェールガス事業など、北米、欧州、東南アジア、オーストラリアの9か国で海外ビジネスを展開しています。

📍 ガス機器・設備メーカーの海外ビジネス

パロマ
製品企画から原料調達、部品製造、製品組立、販売、メンテナンスまでを自社グループで行う体制で品質を高めている。

日本のガス機器・設備は、世界で受け入れられています。リンナイは1967年、日本のガス機器メーカーで初めて海外進出（米国）を果たし、海外事業の売上比率は50％を超えています。またパロマは1973年に米国に進出すると、1988年に米国トップの給湯器メーカーであるリーム社を買収し、全米の給湯器シェアは約5割となりました。パロマは世界60か国300種類以上の機器を販売し、海外事業の売上比率は約8割を占めます。

純水素型燃料電池
天然ガスを改質した水素を使うのではなく、水素を直接供給して発電できる燃料電池。

またガスメーターの分野では、日本のメーターは揺れを感知して自動でガス供給を遮断する最先端の機能を備えており、東洋計器やアズビル金門は台湾に進出しています。またパナソニックは、家庭用燃料電池「エネファーム」を欧州で販売し、脱炭素時代を見据え、純水素型燃料電池の導入も目指しています。

▶ 大阪ガスと東京ガスの海外事業の比較

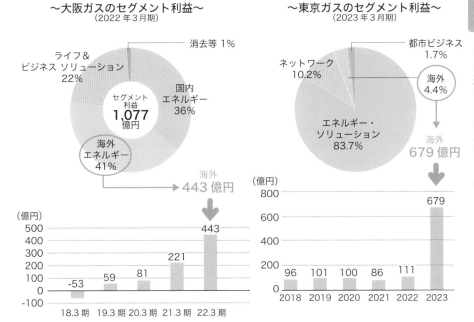

～大阪ガスのセグメント利益～
（2022 年 3 月期）

- 消去等 1%
- ライフ＆ビジネス ソリューション 22%
- 国内エネルギー 36%
- 海外エネルギー 41%
- セグメント利益 1,077 億円

海外 → 443 億円

（億円）
500 / 400 / 300 / 200 / 100 / 0 / -100

18.3 期	19.3 期	20.3 期	21.3 期	22.3 期
-53	59	81	221	443

～東京ガスのセグメント利益～
（2023 年 3 月期）

- 都市ビジネス 1.7%
- ネットワーク 10.2%
- 海外 4.4%
- エネルギー・ソリューション 83.7%

海外 → 679 億円

（億円）
800 / 600 / 400 / 200 / 0

2018	2019	2020	2021	2022	2023
96	101	100	86	111	679

出典：大阪ガス株式会社「会社案内 ～Daigas グループの現状～」、東京ガス株式会社「株主・投資家情報」をもとに作成

 ONE POINT

LP ガス業界の海外進出

LP ガス業界では、サイサンが 2008 年の中国を皮切りに、ベトナム、インドネシア、タイ、インドなどに進出し、アジア事業を拡大しています。ベトナムには TOKAI（トーカイ）やレモンガスも進出しました。ニチガスは 2011 年、米テキサス州で電力小売事業を開始し、2014 年にはカリフォルニア州の都市ガス小売事業も開始しました。

Chapter6
11

多角化ビジネス

大阪ガスの進取の気性に学ぶ
ビジネスの多角化

ガス業界は、ほかの燃料と競争を繰り返しながら、事業領域を拡大してきました。進取の気性に富む大阪ガスは、1980年代から本格的に多角化を進め、総合生活産業を実現することを目指しています。

電力・ガス業界で多角化トップの大阪ガス

都市ガス業界は規制産業ですが、電力業界より先に事業領域を拡大しました。大阪ガスの多角化の歴史は、1949年に遡ります。燃料であった石炭の副生成物を販売する現・大阪ガスケミカルを設立し、1965年に不動産事業、1974年に冷凍食品事業にも参入しました。1978年には新分野開発室を設置して多角化に注力し、1980年代にはチャレンジ制度で多くの子会社を生み出しました。

2000年代に入るとグループ経営を志向し、子会社の取捨選択を行います。大阪ガスでは中核4社（都市開発、材料、情報、LPガス）に集中投資し、M&Aで事業拡大を行いました。大阪ガスケミカルはスウェーデンの活性炭事業の大手企業を買収し、機能性素材市場で世界トップシェアを握りました。今ではグループ全体の利益の約2割強を、多角化した事業から稼ぎ出しています。

東京ガスやLP業界の多角化の事例

東京ガスは、1974年に業界初のエンジニアリング子会社である現・東京ガスエンジニアリングソリューションズを設立し、LNGインフラビジネスを展開しています。また東京ガス不動産は、大規模開発事業も手がけており、ラグジュアリーホテルも保有しています。

一方、LPガス業界はもともと自由競争の市場であり、多角化の歴史があります。米穀業であった伊丹産業は、LPガス販売に参入後、石油事業、電気事業、モバイル事業などを開始しました。またトーエルは2002年、LPガスボンベを家庭に配送するしくみを利用し、水宅配ビジネスを開拓しました。ほかのLPガス事業者にも拡大し、宅配クリーニングなどに派生しています。

1980年代
そのほか、情報子会社（現・オージス総研）の設立、セキュリティ、フィットネス、老人ホームへの参入、民間資本で日本初のリサーチパーク事業や受託研究事業にも乗り出した。

チャレンジ制度
社員が次の役職や役割に挑戦できる人事制度。新規事業の場合、会社が社員から提案を募り、選ばれた社員は事業開発部門に異動して、自ら提案した事業の立ち上げを行う。

事業拡大
そのほか、オージス総研は宇部興産と三井住友銀行の情報子会社を買収し、外販比率50％を超えた。

LNGインフラビジネス
LNG受入基地の建設・運営・保守にかかわるビジネス。東京ガスはアジアを中心に20か国以上で100件以上のプロジェクト実績がある。

▶ 大阪ガスのライフ＆ビジネスソリューションの事業展開

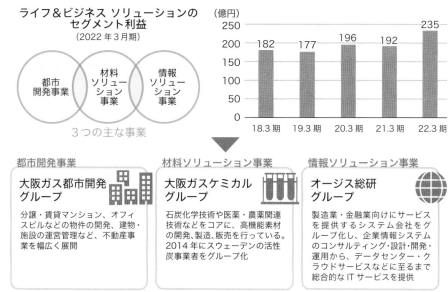

ライフ＆ビジネス ソリューションの
セグメント利益
（2022年3月期）

（億円）

18.3期	19.3期	20.3期	21.3期	22.3期
182	177	196	192	235

都市開発事業　材料ソリューション事業　情報ソリューション事業

3つの主な事業

都市開発事業

大阪ガス都市開発グループ

分譲・賃貸マンション、オフィスビルなどの物件の開発、建物・施設の運営管理など、不動産事業を幅広く展開

材料ソリューション事業

大阪ガスケミカルグループ

石炭化学技術や医薬・農薬関連技術などをコアに、高機能素材の開発、製造、販売を行っている。2014年にスウェーデンの活性炭事業者をグループ化

情報ソリューション事業

オージス総研グループ

製造業・金融業向けにサービスを提供するシステム会社をグループ化し、企業情報システムのコンサルティング・設計・開発・運用から、データセンター・クラウドサービスなどに至るまで総合的なITサービスを提供

出典：大阪ガス株式会社「会社案内 ～Daigasグループの現状～」をもとに作成

▶ LPガス配送網を活用した水宅配ビジネスの例

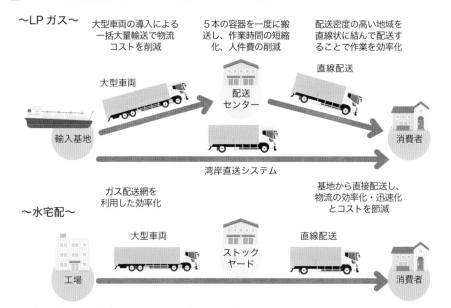

〜LPガス〜

大型車両の導入による一括大量輸送で物流コストを削減

5本の容器を一度に搬送し、作業時間の短縮化、人件費の削減

配送密度の高い地域を直線状に結んで配送することで作業を効率化

直線配送

大型車両

配送センター

輸入基地

消費者

湾岸直送システム

〜水宅配〜

ガス配送網を利用した効率化

基地から直接配送し、物流の効率化・迅速化とコストを節減

大型車両

直線配送

ストックヤード

工場

消費者

出所：株式会社トーエル「事業早わかりトーエルって何している会社？」をもとに作成

Chapter6 12

東京ガスのビジョナリー経営に学ぶ脱炭素ビジネス

東京ガスは日本政府より1年早い2019年、CO$_2$ネットゼロ（P.132参照）をリードすることを宣言しました。世界のトレンドを素早く把握したトップダウンによる業界初の英断であり、ガス業界の動きにつながっています。

スタートアップとのオープンイノベーション

2050年に脱炭素社会を実現するにはイノベーションが必要であり、多くのスタートアップが脱炭素化に向けた技術開発に取り組んでいます。ガス事業者には事業の脱炭素化が求められますが、これはビジネスチャンスでもあります。日本企業の多くは、有望なスタートアップとオープンイノベーションを進めています。

東京ガスの経営陣は2017年、シリコンバレーを訪れ、コーポレートベンチャーキャピタル（CVC）の設立を決めました。2018年から活動を始め、2019年に業界初のカーボンニュートラルLNGを導入しました。スタートアップとの連携事例には、グリーン水素（P.200参照）のオンサイト製造、大気からのCO$_2$回収・利用、業務用ガス設備からのCO$_2$回収・利用などがあります。

業界をあげてカーボンニュートラルに挑戦

天然ガスはクリーンなエネルギーですが、燃焼させるとCO$_2$を排出します。それでも東京ガスがCO$_2$ネットゼロを宣言できたのは、ビジョナリーな経営者のリーダーシップによるものです。東京ガスのこの動きは業界全体に波及し、一般社団法人 日本ガス協会は2020年11月（日本政府の宣言の翌月）に「カーボンニュートラルチャレンジ2050」を発表しました。これにおいて、水素と空気中や火力発電所から回収したCO$_2$との合成メタン（e-メタン）・バイオガス（P.126参照）・水素の直接利用などにより、2050年のガスのカーボンニュートラル実現を宣言しました。

一方、LPガス業界では2021年、一般社団法人 日本グリーンLPガス推進協議会を設立し、業界が連携してLPガスのグリーン化事業を推進することを決めました。

スタートアップ
脱炭素化に取り組むスタートアップは「クリーンテック」とも呼ばれる。2000年代前半に米シリコンバレーから広がったが、現時点では世界で戦える日本のクリーンテックは存在しない。日本のエネルギー6社は海外クリーンテックと協業を進めている。

オープンイノベーション
社内だけではなく社外の技術やノウハウを取り込み、活用したイノベーション。

CVC
事業会社が自己資金でファンドを立ち上げ、スタートアップなどに出資や支援を行う組織。

カーボンニュートラルLNG
天然ガスの採掘から燃焼までに発生するCO$_2$を、CO$_2$の排出削減や吸収の取り組みなどで相殺することで、CO$_2$排出を実質ゼロとみなしたLNGのこと。

▶ 東京ガスグループのCO_2ネットゼロへの挑戦

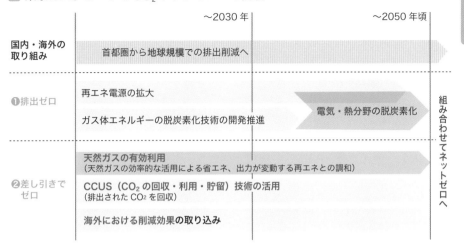

出典：東京ガス株式会社「東京ガスグループ経営ビジョン Compass2030」（2019年11月27日）をもとに作成

▶ ガスのカーボンニュートラル化に向けた移行イメージ

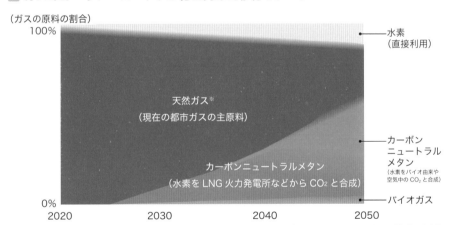

※ 図中に記載の手段に加えて、CCUS（CO_2の回収・利用・貯留）や海外削減貢献、カーボンニュートラルLNGなどにも積極的に取り組み、ガスのカーボンニュートラル化を目指す

出典：一般社団法人 日本ガス協会「カーボンニュートラルチャレンジ2050」（2020年12月16日）をもとに作成

ガス業界のGX最新動向

シリコンバレーの
エネルギー6社

　GX（P.210参照）に資するスタートアップの育成が最も盛んな地域はシリコンバレーであり、日本のエネルギー6社もGXスタートアップと協業しています。

　たとえば、大阪ガスは2017年、米Plug & Play社の主催するアクセラレータプログラムに参画し、蓄電池制御の米Geli社、グリーンアンモニアの米Starfire社、EVによる需給調整事業の蘭Jedlix B.V.社に出資しました。ENEOSは、EV充電管理のフィンランドVirta社、EV蓄電池交換の米Ample社、透明太陽光パネルの米Ubiquitous Energy社、自動運転ソフトウェアの英Oxbotica社、リチウムイオン電池リサイクルの米Redivivus社、廃棄物由来水素の米H Cycle社に出資しています。

最大規模で活動する
東京ガス

　東京ガスはCVC（P.154参照）が2018年から活動を始め、2つの米ベンチャーキャピタル（Westly社、Activate社）に出資、3つの米アクセラレータプログラム（Greentown Labs社、Elemental Excelerator社、Plug & Play社）に参画し、蓄電池制御の米Geli社、EV充電管理の米Electriphi社、マイクログリッドの米Heila社、大気からのCO_2回収の米Global Thermostat社に出資しました。グリーン水素の独Enapter社や業務用ガス設備からのCO_2回収・利用の加CleanO2社の日本展開も進めています。

　2020年には出光興産が進出し、2つのベンチャーキャピタル（加Azimuth社、スイスEmerald社）に出資しました。そしてINPEXも2022年に進出し、ヒューストン駐在者がシリコンバレーで活動を兼務しています。

　GXは世界との競争となります。GX最新動向を知るためには、シリコンバレーをはじめ、海外の定点観測が重要です。

第 **7** 章

ガス会社の仕事と組織

ガスは、さまざまなエネルギーとの競争にさらされて
おり、既存事業の強化だけではなく、それ以外の分野
への多角化や事業開発なども進められています。ここ
では、ガス会社の組織構成と、原料調達から供給まで
に関連するさまざまな仕事、ガス会社が取り組むイノ
ベーションなどについて解説します。

Chapter7 01

事業拡大に応じて基本構成から グループ体制へと変化

ガス事業を行う組織の基本構成は、①原料調達、②ガス製造、③ガス供給・配送、④顧客対応、⑤本社機能（企画、財務、人事、法務、広報など）です。事業拡大前後の構成の例として仙台市ガス局と東京ガスを紹介します。

📍 公営都市ガスは基本的な組織体制を維持

　ガス事業者は、時代の変遷により事業拡大を繰り返し、それに合わせて組織構成も変えてきました。しかし公営都市ガス事業者は、電気やITなどへの多角化や域外展開などができないため、ガス事業に必要な、基本となる組織構成を維持しています。

　公営都市ガス最大手の仙台市ガス局の組織構成は右図のとおりです。原料調達と本社機能は総務部に含まれ、ガス製造は製造部、ガス供給・配送は供給部にあたります。顧客対応は、攻めの営業推進部と、守りのお客さまサービス部に分かれています。

📍 民間都市ガスは経営戦略に応じた部門を配置

　多角化や海外展開などにより、事業を拡大している民営都市ガス最大手は東京ガスグループです。東京ガスは2022年、**ホールディングス型グループ体制**へと移行しました。本社機能にあたるホールディングス部門と、5つの**社内カンパニー**、および3つの主要子会社で構成されます。

　原料調達とガス製造、電力事業を組み合わせ、エネルギートレーディングカンパニーとしています。ガス供給は、東京ガスネットワークとして法的分離されました。顧客対応は、カスタマー＆ビジネスソリューションカンパニーにあたります。また、脱炭素化の推進と海外事業の拡大を主要な経営戦略として、グリーントランスフォーメーションカンパニーと海外事業カンパニーを置いています。主要子会社には、東京ガスエンジニアリングソリューションズと東京ガス不動産があります。そのほかの子会社は関連部門の傘下に置き、たとえば東京ガスアメリカは海外事業カンパニー、東京ガスｉネットはDX推進部の傘下にあります。

ホールディングス
持株会社。複数の会社を管理する目的で株式を保有する組織構成。親会社は経営戦略に、子会社はそれぞれの事業運営に専念でき、経営効率の向上や企業再編の迅速化が図れる。なお東京ガスは疑似的なホールディングスとなる。

社内カンパニー
疑似的に分社化された組織。企業内の各事業部門をそれぞれ独立した組織として扱う経営システム。独立採算制や権限委譲により責任の所在を明確化し、収益の向上や事業の効率化を図る。

仙台市ガス局の組織図

出典：仙台市ガス局「組織図」を参考に作成

東京ガスグループの組織・体制

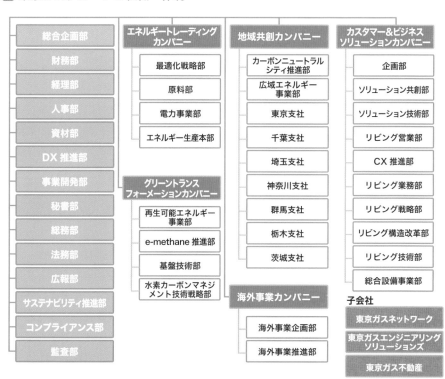

出典：東京ガス株式会社「2023年10月1日 東京ガスグループ機構図」（2023年10月1日現在）を参考に作成

共通する経営戦略は基盤強化、安定供給、多角化、脱炭素化

ガス事業者は既存の経営基盤の強化を図りながらも、エネルギー供給だけに依存しない新たな事業の創出や、脱炭素社会の実現に向けた先進技術の開発などに取り組んでいます。

GX
グリーントランスフォーメーションのこと。P.210参照。

DX
デジタルトランスフォーメーションのこと。P.212参照。

大阪・関西万博
大阪・関西万博では「脱炭素」が重要なテーマのひとつとなっている。脱炭素社会の実現に向けた先端技術の研究や取り組みなどが公開され、水素燃料電池船舶なども運航される予定。

岩谷産業
エネルギーに関しては、「国内のLPガス市場が縮小していく中、全国拠点を活用したM&Aの推進により、シェアの拡大を図ることで、持続的な成長を実現」する戦略を掲げている。

プラットフォーム
個人や企業などが利用するための基盤となるサービスのこと。多くの利用者が参加することで価値が増幅する。

都市ガスでは事業の多角化と脱炭素化を推進

民営都市ガス事業者の大手3社、中堅4社の経営戦略を右図に示します。東京ガス、大阪ガス、東邦ガス、京葉瓦斯、四国ガスの経営戦略では、①経営基盤の強化、②エネルギー安定供給、③事業の多角化、④2050年の脱炭素社会実現に向けた挑戦、の4点で共通性があります。①②は、都市ガス事業者の永遠の課題といえます。③では、東京ガスは「GX・DXを取り入れたソリューションをブランド化し、拡充することで、エネルギーに次ぐ事業の柱へ」とし、環境ソリューション、ESG（P.30参照）型の不動産開発やまちづくりを推進するとしています。大阪ガスは「お客さまごとに最適なサービス・ソリューションを展開」する方針です。④では、東京ガスは「再生可能エネルギー・e-メタン（P.126参照）・水素などの先進的な脱炭素分野に投入・順次事業化」を戦略としています。大阪ガスは、「社会課題解決の実験場である大阪・関西万博においても、ミライ価値につながる脱炭素イノベーションを実現する」ことを打ち出しています。

LPガスでは事業の多角化をさらに拡大

LPガス事業者の上位3社に共通する経営戦略は、「事業の多角化の拡大」です。岩谷産業は「地域の社会課題解決を支援し、お客様や地域にとって必要不可欠なエネルギー生活総合サービス事業者」を目指すことを公表し、また日本瓦斯（ニチガス）は「ガス＋電気の総合エネルギープラットフォームを構築、他社との共創を加速させる」として、LPG託送（P.143参照）などのプラットフォーム事業に挑戦しています。岩谷産業は「脱炭素化（特に水素事業）」に強く取り組むことを宣言しています。

▶ 主な都市ガス会社の経営戦略

東京ガス
❶ エネルギー安定供給と脱炭素化の両立
❷ ソリューションの本格展開
❸ 変化に強いしなやかな企業体質の実現

※中期経営計画 (2023-2025)

大坂ガス
❶ ミライ価値の共創（低・脱炭素社会の実現、ニューノーマルに対応した暮らしとビジネスの実現、暮らしと社会のレジリエンスの向上）
❷ 企業グループとしてのステージ向上

※中期経営計画2023

東邦ガス
❶ カーボンニュートラルの推進
❷ エネルギー事業者としての進化（変わらぬ安全・安心・安定供給の確保）
❸ 多様な価値の創造
❹ SDGs達成への貢献（働きがい・働きやすさの向上とダイバーシティの推進）

※中期経営計画 (2022-2025)

京葉瓦斯
❶ 低炭素・脱炭素社会への貢献
❷ 総合生活産業事業者への進化
❸ 安全・安心の取り組みの強化
❹ 経営基盤の強化

※長期経営ビジョン2030

仙台市ガス局
❶ お客さまの獲得及び販売量の維持・拡大
❷ 安全・安心と安定供給の継続
❸ 経営基盤の強化

※中期経営方針 (2023-2027)

四国ガス
❶ エネルギー事業の深化
❷ お客さま、地域社会を支える価値共創、SDGsへの貢献
❸ 脱炭素社会への挑戦
❹ 新たな事業領域への取り組み
❺ グループ経営基盤の強化

※中期経営計画 (2022-2024)

日本海ガス
❶ 社員の成長支援・多層な働き方への対応
❷ 既存事業の収益性向上と規模の拡大
❸ 総合エネルギーグループへの進化
❹ トータルライフ事業の実現
❺ 新たな事業の創出

※中期経営計画 (2022-2024)

マーカーの意味
（上図・下図ともに）
☐ 経営基盤の強化
☐ 安定供給の継続
☐ 事業の多角化
☐ 脱炭素化への挑戦

▶ 主なLPガス事業者の経営戦略

岩谷産業
❶ CO_2フリー水素のサプライチェーン構築
❷ 循環型社会の推進
❸ 地域社会を支えるインフラ・サービスの提供
❹ 持続的成長を推進する経営基盤の強化

※長期ビジョン (2030の姿)

ニチガス
❶ 顧客増に伴う利益成長（LPと電気の拡大、M&A）
❷ 資本効率、ROE重視
❸ 中長期ビジョン（エネルギーソリューション事業、プラットフォーム事業）

※成長ストーリー (2023)

シナネン
❶ 事業ポートフォリオの変革
❷ 資本効率の改善
❸ 風土改革・働き方改革のさらなる推進
❹ 人財育成の推進、人財の適正配置の実現
❺ グループ経営体制の強化

※中期経営計画 (2023-2027)

Chapter7 03

原料を輸入に頼る日本では 安定・安価・柔軟な調達が必要

原料調達の手段は、①海外からの液化ガス輸入、②卸売業者からの液化ガス受け入れ、③卸売業者からのガス受け入れ、④国内生産のガス受け入れです。東京ガスは、調達先やLNGネットワークなどの多様化を図っています。

相対取引
米国天然ガス取引市場などの市場を通さず、売り手と買い手が当事者間で価格、数量、決済方法などの売買内容を決定する取引方法。LNGは取引市場がない。

交渉
契約交渉は輸入開始の数年前から始まる。将来のエネルギー情勢や企業の需給状況などを見通し、内外の関係者と協議を重ねて進める。

柔軟性
固定されて変更できない契約ではなく、輸出先や引取量の変更などが可能で柔軟性（変更可能性）があること。

スポットの取引
その時々の環境や需給などを勘案しながら売り手と買い手が相対で値決めをして行う取引。LNGではタンカー1隻ごとの量で売買を行う。長期契約より価格変動のリスクは大きいが、必要最低限の量を調達でき、過剰購入のリスクは小さい。

安価で安定的に調達するための契約交渉

ガスの原料調達では、海外からのLNG（液化天然ガス）輸入について、新規の相対取引契約の交渉、輸入開始準備、既存契約の価格見直し交渉などを行うことが主な仕事です。日本向けLNG輸入の多くは20年や30年などの長期契約であり、価格は原油価格の指標と連動したS字曲線で算出されます。

東京ガスは、安価で柔軟性のあるLNGを安定的に調達できるよう、3つの多様化を進めています。1つめは調達先です。特定の地域に限定することなく、13か所に分散することで安定性を向上させています。2つめは契約内容です。指標とする価格を原油価格だけではなく、米国天然ガスや石炭などの価格を加えたり、短期や中期、スポットの取引も組み合わせたりすることで、調達の柔軟性を向上させています。3つめはLNGネットワークです。国内外の企業と戦略的提携を結び、アジア、北米、欧州の市場をつなぐLNGネットワークを構築して、輸送効率の向上、コストの削減、調達・販売契約の柔軟性の向上を図っています。

国内における原料調達

LNGを輸入するガス事業者は、卸売業者としても活動します。輸入したLNGは、液体のままタンカーや内航船、ローリーで運ばれ、LNGから製造した都市ガスは、パイプライン（導管）によりほかのガス事業者に供給されます。天然ガスを生産する国内業者も存在し、生産された天然ガスはパイプラインで配送されます。また、石油随伴ガスとしてLPガスを生産する業者もあり、ボンベなどを使ってガス事業者に配送されます。国内での原料調達契約は、単年または複数年の相対取引となる場合が多いです。

▶ LNG価格算定のS字曲線

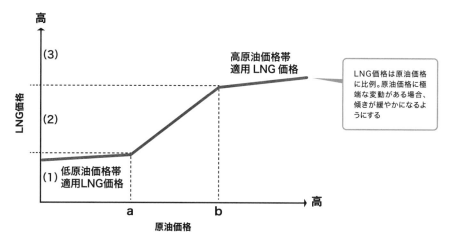

（1）原油価格が低い場合（＜a）
（2）原油価格が中位帯にある場合（a～b）
（3）原油価格が高い場合（＞b）

出典：独立行政法人 エネルギー・金属鉱物資源機構（JOGMEC）「石油・天然ガス資源情報 S字カーブ」をもとに作成

▶ 東京ガスの主なLNG調達先

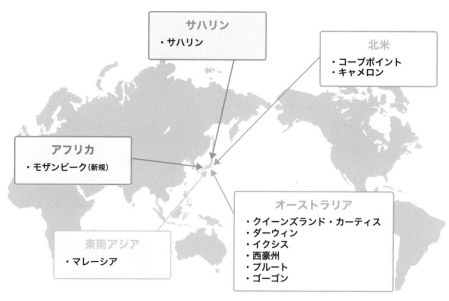

出典：東京ガス株式会社「東京ガスグループ 統合報告書 2023」を参考に作成

Chapter7

04

ガスの製造

日頃から緊急時対応訓練を行う 安全・安定供給が使命のガス製造

都市ガスは、LNG（液化天然ガス）を受け入れ、タンクで貯蔵し、気化、熱量調整、付臭を経て製造されます。設備には安全対策がとられ、24時間365日体制の運転と監視、多様な防犯・防災訓練で万一に備えています。

日勤と交代勤務で運転計画と常時監視を行う

LNG基地ではあらゆる設備を24時間365日体制で運転・監視しています。こうしたガス製造所の勤務には、日勤と交代勤務があります。日勤は本社機能などと連携し、製造所の運転計画を立てます。また設備の更新・補修、新しい設備の建設計画などにも従事します。交代勤務は運転計画に沿って、設備の運転・監視を行います。交代勤務には、管理センターのCCR（中央制御室）による屋内業務と現場パトロールの屋外業務があります。

ガスの製造は、LNG受け入れから始まります。LNGタンカーを桟橋に誘導し安全に着桟させ、ローディングアームでLNGを汲み上げ、タンクに移送します。LNGタンクは地上式、地下式、地中式があり、高度な耐震技術が採用されています。例として主流の地上式LNGタンクには、防液堤が設けられています。

LNGは、LNGタンクから気化器に送られ、海水の熱などを利用して気化されて天然ガスとなります。その後、LPGタンカーから受け入れたLPG（液化石油ガス）を加え、所定の熱量に調整（熱量調整）されます。さらに、天然ガスはもともと無色無臭であるため、ガス漏れが発生しても感知しやすいよう、最終工程で付臭剤を添加して特定の臭いを付け、都市ガスが完成します。

緊急時に備えた防犯・防災訓練

LNG基地はテロの標的にもなり得る重要なインフラで、構内の監視カメラや入館チェックなどの厳重な対策がとられています。また緊急時に備え、防犯や防災の訓練も重要な業務です。製造所内の消防車を使った消防訓練、全社的な地震訓練、行政や近隣企業との合同訓練など、多種多様な防災訓練を実施しています。

交代勤務
以前は、交代勤務は男性のみで、夜間の仮眠室などの設備は男性用のみであった。しかし昨今、女性用設備も充実し、女性も活躍できる職場となっている。

CCR（中央制御室）
工場内の各設備の監視と運転操作などを行うための部屋。

防液堤
LNGが漏れ出しても外部に流出しない構造となっている。さらに、防液堤内に漏れ出した場合にLNGの拡散や火災などを防ぐため、大量の泡を放出する高発泡設備、水幕をスクリーン状に形成する水幕設備を設置し、二重三重の安全対策がとられている。

設備の点検・修理・メンテナンスの例

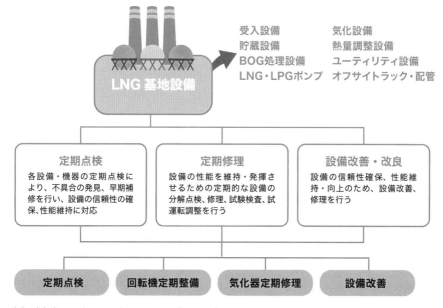

出典：東京ガスエンジニアリングソリューションズ株式会社「LNG基地メンテナンス」を参考に作成

LNG基地の全景

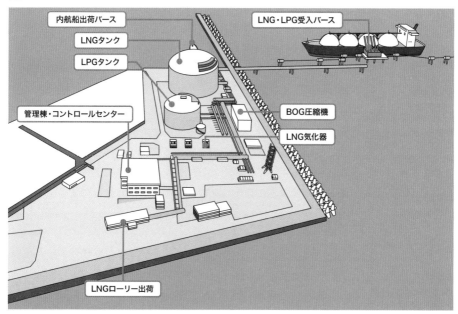

出典：日立市「日立市報 2014年1月1日号 No.1528」をもとに作成

都市ガス供給の9つの仕事と
LPガス配送の3つの方式

ガスは安全、安定・効率的に供給するための高度なしくみ化がされています。
都市ガス供給はガス導管の新設・保全や緊急保安など9つの仕事があります。
LPガス配送は3つ方式があり、ドライバーによる配送が中心です。

中圧、低圧
中圧と低圧の導管の
うち、需要家の敷地
内を「内管」、敷地
外を「外管」と呼ぶ。

中央指令室
24時間365日の体
制で、ガスの安定供
給と安全を見守る組
織。ガス導管網の各
設備からガスの圧力、
流量、異常の有無な
どのデータをリアル
タイムに集約して一
元的に管理し、遠隔
操作装置などによる
製造・供給のコント
ロールや異常の監視
を行う。また、緊急
時の司令塔でもある。

他工事保全
ガス事業者は通常、
水道・電気・通信事
業者と道路掘削工事
場所の事前確認を行
い、他工事によるガ
ス導管の損傷を防止
する。しかし、事前
確認がなく工事が行
われる場合もあるた
め、ガス事業者はパ
トロール車両で巡
回・監視する。

緊急保安
24時間365日の保
安体制で需要家の安
全を確保している。

都市ガス供給の9つの仕事

　都市ガスの導管（パイプライン）は、高圧、中圧、低圧に分か
れます。ガス導管網全体の圧力や流量などは、**中央指令室**から遠
隔で監視・制御をしています。

　主な現場の仕事として、まず①幹線では、高圧ガス導管を敷設
する工事の計画や管理、老朽化した既設導管の修繕工事などを担
います。②導管計画では、中圧・低圧ガス導管の敷設計画を立案
します。③外管工事では、②の計画に沿って需要家の敷地外まで
ガス導管を敷設し、敷設の図面設計、工事の許可申請、工事後に
掘削した道路の舗装復旧工事なども行います。④設備技術では、
需要家の敷地内の内管工事を行います。⑤設備保安は、法人顧客
のガス設備を点検する仕事です。⑥維持供給は、ガス設備の健全
性を確認する維持業務と、ガス工事などに対応するためガバナ
（整圧器）やバルブ（ガス遮断装置）を操作し、ガスの圧力や流
量を調整する供給業務です。⑦他工事保全は、水道や電気、通信
などの工事が原因となるガス導管破損を防ぐ仕事です。⑧緊急保
安では、需要家からガス漏れ通報などがあったときに現場に駆け
つけ、安全の確保、ガス漏れ箇所の確認・修繕を行います。⑨地
域開発は、新しく建築されるマンションや住宅造成地、都市ガス
未普及地域などに都市ガス供給の提案を行う仕事です。

LPガス配送の3つの方式

　LPガス配送は、ボンベ供給、バルク供給およびローリー供給
の3つの方式があります。ドライバーによる配送が主な業務であ
り、そのほかにLPガスの充てん、設備施工、メンテナンス、24
時間365日監視などの業務があります。

▶ 都市ガス供給の９つの仕事

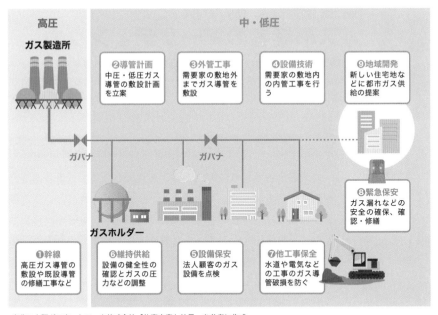

出典：大阪ガスネットワーク株式会社「仕事内容と社員」を参考に作成

▶ LPガス配送の３つの方式

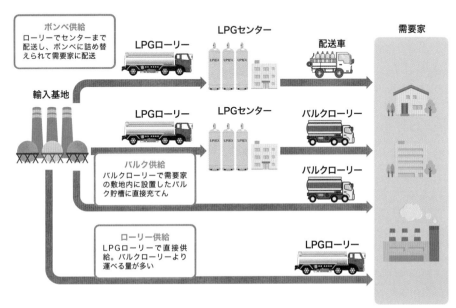

出典：岩谷産業株式会社「総合エネルギー / 事業紹介 LP ガス」を参考に作成

Chapter7
06

需要開拓で磨かれた
ガス事業者のマーケティング力

電力業界では電化製品の普及により、電力会社が商品開発やマーケティングを行わなくても需要が拡大しました。一方、都市ガス事業者は他燃料との競争の歴史があり、商品開発やマーケティングの部門が強いことが特徴です。

📍 マーケティング効果を伴うさまざまな事業を開発

　ガス事業者は、ガス需要の拡大を目的として、さまざまな**文化を創造**してきました。たとえば、「お風呂で美容」という価値観を一般化した「半身浴」や「ミストサウナ」、**輻射**の技術を活用した「床暖房」などです。また各地では、現場での販売促進の一環として、「ガス展」が開催されています。

　近年は、**会員制サイト**による顧客とのデジタル接点の拡大、ガス展のWeb開催など、デジタルマーケティングにも注力しています。大阪ガスはデジタルプラットフォーム事業に進出し、東京ガスは英オクトパスエナジーのデジタルプラットフォームを日本で展開するなど、デジタル人材の採用が増えています。

📍 営業力に強みがあるガス事業者の営業

　ガス需要を開拓してきたガス事業者の強みは営業力です。営業の主な組織構成は、家庭用営業、法人営業、**技術営業**の3つからなります。家庭用営業は、各地のサービスショップ（P.144参照）を通じて営業を行います。家庭用の主な商材は、ガスや電気などのエネルギー、ガス機器、暮らしサービス、リフォームです。

　自由化や電化の流れに合わせ、特に電気の提供に注力しており、小売電力販売件数は東京ガスが約350万件、大阪ガスが約170万件です。またリフォームでは、キッチンや風呂まわりから、住宅まるごとのリフォームに拡大しています。

　法人営業は住宅メーカーや工務店向けに商材を営業するもので、住宅・設備業界からの転職者も活躍しています。技術営業は産業用・業務用の顧客向け営業で、理系が多く、エンジニアなどからの転職者も活躍できる業務です。

文化を創造
そのほか、自宅で快適に節電ができる「マイホーム発電」や「ダブル発電」の開発などもある。

輻射
物体からエネルギーが放射される現象。床暖房は輻射を利用し、熱を空間に直接放出することで、効率的に部屋を暖める。

会員制サイト
「マイ大阪ガス」や「myTOKYOGAS」など。

技術営業
商材は厨房設備、空調、コージェネ、ボイラー、給湯機、乾燥機、工業炉、バーナー、太陽光発電、水処理、バイオ設備など（近年IoTなどデジタル商材が拡大）。営業の後方支援として、エンジニア（燃焼技術、プラント設計、電気設計、太陽光発電、水処理など）、施工管理、維持管理の専門部隊がいる。

▶ 大阪ガスのデジタルプラットフォーム「スマイ LINK」

出典：大阪ガス株式会社「スマイ LINK」Web ページより

▶ 東京ガスのデジタルプラットフォームの活用

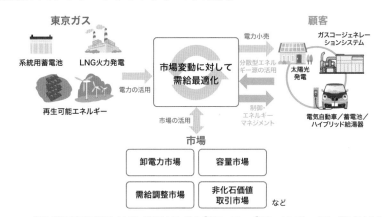

出典：東京ガス株式会社「オクトパスエナジー社の『クラーケン』『クラーケンフレックス』導入によるさらなるCX向上と分散型エネルギーリソース価値向上」（2023年10月12日）をもとに作成

ONE POINT

大阪ガスによる販売戦略の例

大阪ガスには「アロハサンタセール」という伝説のキャンペーンがあります。1960年代にガス瞬間湯沸器がヒットしたものの、取付工事が冬場に集中し、遅れが発生しました。この問題を解決するため、「設置は夏場に、支払いは冬にする」という工夫により大成功を収めたのです。このキャンペーンの名称は、冬のサンタクロース（給湯器）がアロハシャツを着て夏に訪れる、というイメージから来ています。

ガス原料の変化により蓄積した さまざまな技術を他分野へ応用

ガス会社は、ガスの原料が石炭から石油、天然ガスへと変わるなかで、その時代の技術を伝承・深化させるとともに、新たな技術も開発してきました。ここでは大阪ガスを取り上げ、研究開発の事例を紹介します。

ガスで培った技術を他分野へ応用

触媒技術
特定の化学反応の反応速度を変化させる物質（触媒）に関する技術。

シミュレーション技術
コンピュータ上で仮想的に試作や実験などを行う技術。

食の研究
たとえば、ガスセンシング技術を活用し、日本酒造りの製麹（せいきく）の工程を定量的に評価する手法を開発。酒造りの品質安定化に貢献している。

NEDO
国立研究開発法人新エネルギー・産業技術総合開発機構。産官学の連携および国際ネットワークの活用により、エネルギーの安定供給や地球環境問題の解決、産業技術力の強化を目指す技術開発推進機関。オイルショック後、エネルギー技術開発の先導役として1980年に設立された。

大阪ガスは1947年、中央研究所を設立し、石炭時代には炭素繊維やカーボンナノチューブなどの炭素系の材料技術、石油時代にはガス化や排ガス・廃水処理などの触媒技術、天然ガス時代には流体や燃焼などのシミュレーション技術を開発しました。これらは現在でも事業に貢献しています。

大阪ガスは、研究開発の成果を社内で活用するだけではなく、外販にも活用しています。フルオレンやポリシランなどの材料技術は大阪ガスケミカルで、データ分析や行動観察などの分析技術はオージス総研で外部に販売されてきました。

最近の成果では、独自の光学制御技術を活用し、放射冷却素材を開発しています。この素材は炎天下でも宇宙に熱を逃し、ゼロエネルギーで外気より温度を低下させるものです。この素材の製造・販売を進めるため、「SPACECOOL」も設立しました。また、調理機器の開発の知見から食の研究も進められています。さらには流体シミュレーション技術を気象分野に応用し、独自の気象予測技術とAIの活用により電力需要や発電量を予測するだけではなく、気象庁の予報業務の許可を取得し、鉄道会社やゼネコンなどに強風予測などの気象予測サービスを提供しています。

カーボンニュートラル技術の研究開発も推進

大阪ガスは2021年、メタネーションやグリーン水素など、カーボンニュートラル技術の研究拠点として「CNRH」を設立しました。これまでに蓄積してきた触媒技術や燃焼技術などが研究開発に活用されます。またNEDO事業により、INPEXと共同でメタネーションの実用化に向けた技術開発にも取り組んでいます。

▶ 放射冷却素材「SPACECOOL」の原理のイメージ

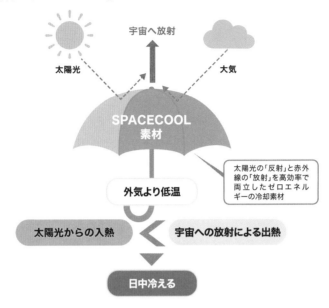

出典：大阪ガス株式会社「ゼロエネルギーで冷却できる放射冷却素材『SPACECOOL』の開発と実証試験が2021年度
近畿化学協会の環境技術賞を受賞」(2022年05月30日)を参考に作成

▶ NEDO事業によるメタネーションの実用化

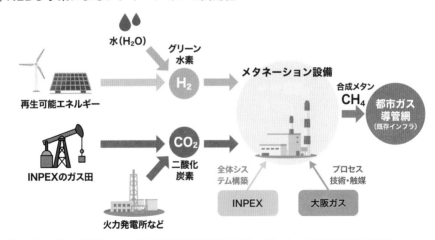

出典：Daigasグループ「メタネーション 都市ガスの脱炭素化を目指したCO₂-メタネーションの技術開発」をもとに作成

Chapter7 08

ガス機器の開発から プラットフォームの開発へ

ガス会社は自ら商品を開発し、ガス需要を拡大してきました。たとえば大阪ガスは、商品の開発から販売、施工、メンテナンスまで一貫した業務を行っています。また、プラットフォームを活用したサービスも提供しています。

ガス機器メーカーに企画を提示して共同開発

ガス会社は、ガス需要を拡大するために多くの商品を開発し、数々の「グッドデザイン賞」を獲得してきました。受賞件数では大阪ガス56件、東京ガス40件、東邦ガス9件にのぼります。

大阪ガスは商品技術開発部で商品開発を行っており、商品開発は、顧客ニーズに即した仕様や品質などを備えた商品企画をガス機器メーカーに提示し、共同で商品を開発します。新規性の高い商品の場合は、社員宅で実証実験を行い、安全性や機能性を確認します。開発後は、ガス機器メーカーが量産したガス機器を仕入れ、大阪ガスブランドの機器として販売します。機器の販売・施工（機器の取り付け）・メンテナンス（修理・点検）では300を超える代理店を組織化し、安全教育や技術指導を行っています。機器の不具合の情報はガス機器メーカーと共有し、仕様変更などを行って、安全で安心して使えるガス機器を普及させています。

プラットフォーム活用によりガス機器を管理

大阪ガスは2016年から「IoTガス機器」を発売し、ガス業界で初めてIoTプラットフォームを活用したサービスを開始しました。現在、家庭用燃料電池（エネファーム）（P.148参照）、給湯器、ガス警報器など、10万台以上の機器がネットワークに接続されています。これまでガス機器の故障は、顧客からの連絡を受けて修理手配がされていましたが、今では故障を自動で検知することで、修理手配が迅速にできるようになっています。また、ガス機器のソフトウェアを遠隔からアップデートして故障を減らすなど、ガス機器も進化しています。ガス機器の開発では、機器や電気に加え、ソフトウェアのエンジニアも活躍しています。

グッドデザイン賞
公益財団法人 日本デザイン振興会の主催による、日本で唯一の総合的なデザインを評価・推奨するしくみ。毎年、応募と受賞が実施されており、ガス機器や住宅設備などからビジネスモデルなどまで、幅広い領域を対象としている。

IoTガス機器
IoT（Internet of Things）とはモノがインターネットでつながること。ガス機器の使用状況や運転状態、故障情報などをインターネット経由で集約・分析することで、新たな価値を提供できる。

自動で検知
ガス機器の稼働データの監視と分析により、故障の予兆を検知し、故障前にメンテナンスすることも可能。

▶ 商品開発の流れの例

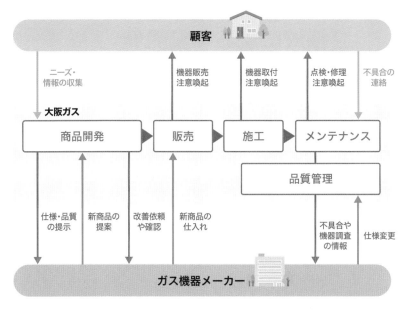

出典：大阪ガスマーケティング株式会社「製品安全対策優良企業表彰受賞企業講演会 ―製品安全の取組―」
（2021年3月9日）をもとに作成

▶ IoTプラットフォームを活用したサービスのイメージ

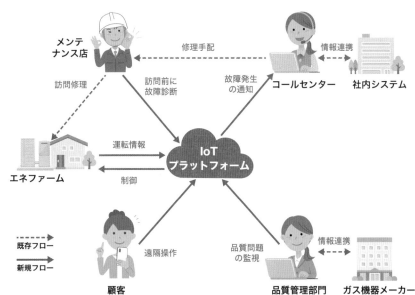

出典：Daigasグループ「エネファームIoTシステムの開発」を参考に作成

ガス周辺と「飛び地」の2領域による事業開発

ガス会社は新たな成長を目指し、電気などのエネルギー事業への参入と並行し、非エネルギー事業（飛び地）の開発も進めています。ここでは大阪ガスを例に、ガス周辺の領域と「飛び地」領域の事業開発を紹介します。

ガス事業の周辺領域への展開

大阪ガスは、各事業部がガス周辺の領域へと事業を展開しています。たとえばガス製造部門では、エンジニアリング技術をもとにしたLNG基地建設のコンサルティングや、触媒技術を用いた高純度水素製造装置の開発などがあります。また導管部門では、社員研修用の教材を他社に向けて販売しています。家庭用ガス部門では、住宅のクリーニングや設備修理などのサービスを生み出しました。さらに法人営業部門では、工場向けIoTサービス「D-Fire」を提供しています。これは、工場内の各機器でIoTシステムを構築し、稼働状況や製造実績などのデータを収集・分析することで、エネルギーの効率利用を促進するものです。

非エネルギー分野の「飛び地」の領域も開発

都市ガス大手は、非エネルギー分野の事業開発を効率的に行うため、専任組織を配置しています。大阪ガスは1978年、新分野開発部を創設し、現在は新規事業開発部となっています。東邦ガスは2018年、東京ガスは2022年に事業開発部を創設しました。

大阪ガスの非エネルギー分野の事業開発には、社内の技術やアイデアを事業化する「アウトバウンド型」と、社外から取り入れる「インバウンド型」があります。アウトバウンド型には社内の研究成果をもとにした事業が多く、インバウンド型には米国の研究受託事業やリサーチパーク事業の関西展開などがあります。

大阪ガスは1980年代、若手社員を新規事業に携わらせる制度（P.152参照）がありました。また2017年からは、若手社員から事業アイデアを公募する取り組みも行っています。事業開発部門は、若手社員や事業開発経験のある人などが活躍できる職場です。

ガス製造部門
そのほか、ガス精製技術をもとにしたバイオガス精製・吸着貯蔵システムの開発などもある。

アウトバウンド型
たとえば高機能化成品、冷凍食品（P.140参照）、冷凍粉砕、気象予測（P.170参照）、人材育成、データ分析などがある。

インバウンド型
たとえば九州の外食事業、フランスの高級パン屋などもある。

リサーチパーク
研究開発を担う企業や国の研究機関などの研究施設を集積させた都市。研究の高度化や効率化を目的とし、開発による産業の発展を目指す。京都や神奈川、千葉など各地に存在する。

▶ ガス事業の周辺領域での事業開発の例

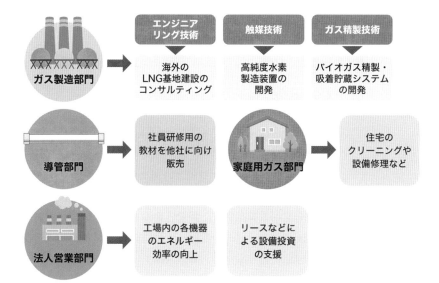

▶ 非エネルギー分野の事業開発の例

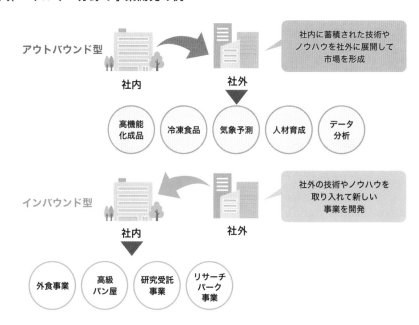

Chapter7 10

ORから分析を深化させた ガス会社のデータ分析

ガス会社のデータ分析の歴史は、東京ガスと大阪ガスのOR（オペレーションズ・リサーチ）の活用から始まりました。両社は現在、データ分析を核としたDX推進で、ガス業界のDXを牽引しています。

ORから始まったガス会社のデータ分析

OR
オペレーションズ・リサーチ。数理的手法や統計的手法で課題をモデル化し、そのモデルの分析によって課題解決や意思決定などを導出する方法論や技法。日本では1957年に日本オペレーションズ・リサーチ学会が創設された。

発熱量の低い水素系ガスを使っていた時代、ガス導管（パイプライン）内での供給不良が最大の課題でした。東京ガスと大阪ガスはORチームを組織し、供給不良を起こさないためのデータ分析を行いました。1970年代に発熱量の高い天然ガスに転換されるとORは不要になり、大阪ガスはチームを解散しています。

東京ガスはORの活用先を経営の意思決定支援にシフトし、1990年代にはエネルギーデリバティブに挑戦するなど、データ分析を発展させました。大阪ガスは1998年に研究所内にデータ分析部隊を復活させ、2006年にIT部門に移し、経営の意思決定から現場の最適化までを支援するデータ分析の専門部署「BAC（ビジネスアナリシスセンター）」に発展させました。

**エネルギー
デリバティブ**
エネルギー商品、特に原油、ガス、電力などに関連する金融派生商品。価格変動のリスクヘッジや投機の対象として利用される。エネルギー価格は需給バランス、地政学的な要因、天候などで変動するため、これらのデリバティブ商品はエネルギー関連事業者にとって非常に重要。

データ分析を核としたDX推進へ

ガス会社では、データ分析を核としたDXを推進しています。大阪ガスのBACには、統計・数理計画、リスク分析、エネルギー市場など、十数人の専門家が年間約30のプロジェクト（ガス製造所や発電所、供給設備などをIoT化しての異常検知や故障診断、予兆分析など）を推進しています。

東京ガスはLNGバリューチェーンの最適化を目指し、機械学習で分析ロジックを開発し、エネルギー需要や価格の予測を行っています。たとえば電力トレーディング部門では、取引を最適化するアルゴリズムにより市場取引での収益の創出を図っています。東京ガスのDX人材の採用では、一定以上の統計学、データ分析、プログラミングに関する知識やスキルの保有者を募集しているほか、ガス業界でもデータ分析人材の活躍の場が広がっています。

DX人材の採用
求める人材として、「データ分析・利活用を中心に、価値創造や課題解決に取り組む人材」が掲げられている。

大阪ガスのBAC（ビジネスアナリシスセンター）の役割

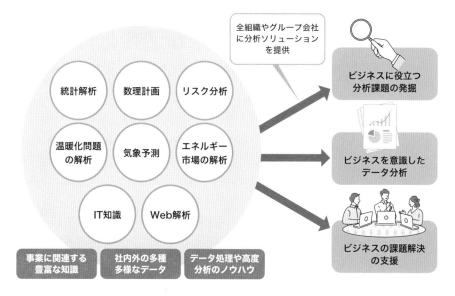

東京ガスのLNGバリューチェーンの変革とGX・DXの取り組み

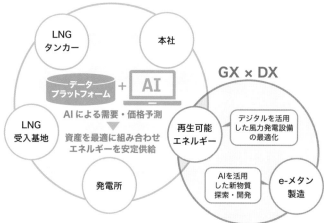

出典：東京ガス株式会社「プレスリリース『DX注目企業2023』に選定」（2023年6月1日）を参考に作成

Chapter7 11

オープンイノベーションによる技術と事業の開発が活発化

大阪ガスは2008年、オープンイノベーションの取り組みを開始し、技術開発の変革を図ってきました。その後、多くのガス事業者が参入し、オープンイノベーションによるスタートアップとの事業創出が盛んになっています。

限られたリソースで成果を出すための変革

大阪ガスは、1947年に中央研究所を設立して以来、**クローズドイノベーション**による技術開発を行ってきました。ただ、1994年にスポンサーシップ制度が導入され、研究予算と人員が減少傾向になると、限られた予算と人員で成果を出すため、2008年から**オープンイノベーション**の準備を開始します。まず社内では、研究テーマを棚卸しし、コア技術とそれを担うコア人材を特定しました。また社外では、非コア技術と外部（他企業や研究機関、大学、海外）の技術を効率的に調達するしくみを構築しました。現在はイノベーション推進部で、新たなパートナーとの技術開発だけではなく、事業創出にも取り組んでいます。

ガス事業者が導入するオープンイノベーション

現在では多くのガス事業者がオープンイノベーションを導入し、スタートアップと協業を始めています。東京ガスは2016年、業界初の**アクセラレータプログラム**を開始しました。2018年にはデジタルイノベーション本部を立ち上げ、オープンイノベーションを本格化させています。業界初のCVC（P.154参照）をシリコンバレーに設立し、世界のスタートアップを探索して20社以上と**協業**しました。東邦ガスは2019年、イノベーション推進部を設置し、2021年にアクセラレータプログラムを開始しています。

西部ガスは2019年、九州初のCVCを設立し、40億円のファンド規模で35社に投資しました。また岩谷産業は2020年、スタートアップとの共創プログラムを開始し、また未来を共創する交流スペース「未来創造室」も開設しました。各社のイノベーション部門では、スタートアップとの協業経験者が活躍しています。

クローズドとオープン

クローズドイノベーションは、社内で開発した技術やノウハウに制限した環境でのイノベーション、オープンイノベーションは、社内以外の組織がもつ技術やノウハウを取り込み、社外へ展開する機会を増やすイノベーションのこと。

アクセラレータプログラム

大企業や自治体などがスタートアップに対して協業や出資を行うために開催するプログラム。主な開催フローは、①募集のための説明会実施、②スタートアップの募集、③スタートアップの選定、④小規模のテスト実施、⑤成果発表、⑥さらなる協業開始、など。

協業

東京ガスは、スタートアップ10社、ベンチャーキャピタル2社に出資している。

▶ 大阪ガスのオープンイノベーションのイメージ

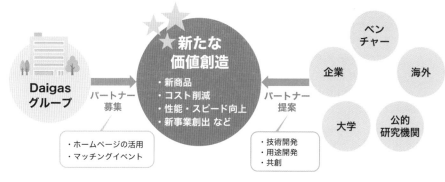

出典：Daigas グループ「オープン・イノベーション」をもとに作成

▶ 東邦ガスのアクセラレータプログラムの例

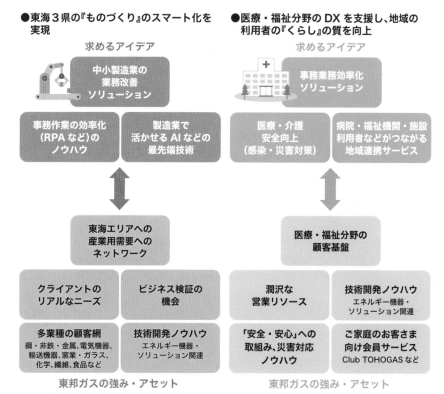

出典：AUBA「TOHOGAS ACCELERATOR PROGRAM 2020」を参考に作成

Chapter7 12

ガス業界の基本資格と 個別部門で必要な資格

ガス業界で活躍するためには、ガス関連を中心に多様な資格を取得していることが求められます。都市ガスとLPガスの基本資格とともに、配属先の個別部門で必要な資格を取得していることも推奨されます。

ガスとともに電気の資格も求められる

　ガス事業者は社員に、必要な資格をできるだけ早い年次で取得することを勧めています。そのため、資格の研修や勉強会を実施したり、事業者が受験費用を負担したりと、その取得を支援する制度が設けられていることが多いです。また、コミュニケーション能力や問題解決能力など、基本的なビジネススキルも必要とされます。都市ガス事業者に最も必要とされる資格は「ガス主任技術者」です。この資格は、ガス工作物の工事、ガス基地の維持や運営に関する保安の監督をさせるため、ガス事業法上でガス事業者に配置が定められている責任者の国家資格です。難易度により甲種、乙種、丙種があり、技術系の社員は甲種の取得が強く推奨されます（事務系の社員は乙種の取得を推奨される場合もあります）。近年は電気に関する仕事も増えており、「電気主任技術者」や「電気工事士」（P.102参照）も必要とされています。

　LPガス事業者に最も必要とされる資格は「液化石油ガス整備士」と「高圧ガス販売主任者」です。前者はLPガスの設備工事に、後者はLPガスの販売に必要な資格です。

個別の専門資格や周辺資格

　そのほかに求められる資格として、家庭用のガス機器の設置・施工を行う際には、ガス機器の専門資格が必要です。システム部門では、「基本情報技術者」や「応用情報技術者」、「プロジェクトマネージャ」などの情報処理系の資格も推奨されます。エンジニアリング部門では、「ボイラー技士」や各種施工管理技士などの技術系の資格も推奨されます。原料や海外部門では、海外での駐在や出張の機会が多いため、英語のスキルが必要です。

技術系の社員
技術系の社員には、「エネルギー管理士」や「高圧ガス製造保安責任者」も推奨される。合格率はガス主任技術者約20%、エネルギー管理士約30%、高圧ガス製造保安責任者約45%、液化石油ガス整備士約40%、高圧ガス販売主任者約50%と難度が高い。

英語のスキル
英語の試験ではTOEICが一般的。実施団体によれば、企業が海外部門の社員に期待するTOEICスコアは、Listening & Readingで570〜810点、SpeakingとWritingそれぞれ120〜160点とされる。

▶ 都市ガス会社で活躍する主な資格

●都市ガス関連

ガス主任技術者	高圧ガス製造保安責任者	ガス機器設置スペシャリスト
簡易内管施工士	ガス可とう管接続工事監督者	ガス消費機器設置工事監督者

●ガス主任技術者の種別

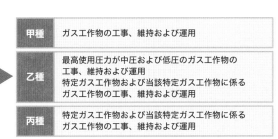

ガス主任技術者 ▶	甲種	ガス工作物の工事、維持および運用
	乙種	最高使用圧力が中圧および低圧のガス工作物の工事、維持および運用 特定ガス工作物および当該特定ガス工作物に係るガス工作物の工事、維持および運用
	丙種	特定ガス工作物および当該特定ガス工作物に係るガス工作物の工事、維持および運用

▶ LPガス会社で活躍する主な資格

●販売関連

高圧ガス第二種販売主任者	業務主任者	業務主任者の代理者

●設備工事関連

液化石油ガス設備士	ポリエチレン管の施工に係る講習	配管用フレキ管講習

●設備保安点検・調査関連

保安業務員	調査員

●配送・バルク供給関連

高圧ガス移動監視者（液化石油ガス）	充てん作業者

▶ そのほかの資格

●電気関連

電気工事士	電気主任技術者	電気通信主任技術者

●施工管理関連

電気工事施工管理技士	建築施工管理技士	土木施工管理技士	管工事施工管理技士

●技術関連

ボイラー技士	エネルギー管理士	技術士

●情報関連

基本情報技術者	応用情報技術者	プロジェクトマネージャ

ガス業界のトランスファラブルスキルと グリーンリスキリング

トランスファラブルスキル

米国では、新築の住宅やビルでのガス使用を禁止する方針が出されるなど、脱炭素社会の実現に向けた変革が進むなかで、脱炭素化を担う人材の需要が高まっており、「トランスファラブルスキル」と「グリーンリスキリング」が注目されています。

トランスファラブルスキルとは、異動や転職などをした際に、そこで応用や転用ができるスキルのことです。プロジェクト管理やエンジニアリングなどのスキルは再エネ分野でも通用します。ガス導管のエンジニアが水道配管を担当したり、ガス設備のエンジニアがEV充電設備を扱ったりするケースもあります。また北米では、天然ガスや石油の採掘技術を地熱発電に応用するスタートアップもあり、トランスファラブルスキルが重要視されます。

グリーンリスキリング

グリーンリスキリングとは、エネルギー業界などで働く人を対象に、脱炭素社会を実現するのに必要なスキルを身につけるための教育や研修のことです。欧州では、石炭火力発電所の閉鎖に伴い、発電所や関連企業などの社員を対象に、企業と自治体が連携してグリーンリスキリングを提供しています。米ニューヨーク州では、ヒートポンプが爆発的に売れており、エンジニア不足を補うため、無職者を無料で育成しています。また米国では、送配電網のエンジニアが百万人規模で不足するといわれており、各地のコミュニティで育成が盛んに行われています。

海外では、グリーンリスキリングを提供する企業やスタートアップも出てきました。日本にはグリーンタレントハブというスタートアップがあり、脱炭素分野に特化した人材紹介と人材育成を行っています。

日本のガス事業者も再エネ発電やEV充電に乗り出しており、転職する際にはグリーンリスキリングを受けておくと有利になるでしょう。

第 8 章

エネルギーの新時代

電気やガスを生成するエネルギーは、環境負荷などを
考慮し、化石燃料由来のものから再生可能エネルギー
（再エネ）由来のものにシフトしてきています。技術
の進歩だけではなく、エネルギーの生成や活用の方法
にも多様な試みがあります。ここでは、再エネを中心
に、エネルギーを生み出す取り組みを見ていきます。

Chapter8 01

多分野で発電に利用される太陽光と工場や住宅などに供給される太陽熱

太陽光・太陽熱のエネルギーは、再生可能なエネルギー源として注目されています。これらの利用技術は、化石燃料の消費削減と温室効果ガスの排出抑制において、環境保護と持続可能なエネルギー供給への道を開いています。

家庭や地域、産業などに導入される太陽光

太陽光発電は、光が当たると電気を発生させる太陽光パネルを利用して発電する方式です。世界の太陽光発電の累積導入量は2020年時点で約700GWに達しました。発電時の燃料が不要で環境負荷が低く、脱炭素化に貢献する発電方式として重要視されています。

家庭用の太陽光発電システムは、多くの住宅に導入され、エネルギー自給の促進に寄与しています。各地域では、太陽光パネルを活用したスマートシティ構想が推進されています。具体例として、農地の上部に太陽光パネルを設置し、農業とともに発電を行う営農型太陽光発電（ソーラーシェアリング）などが注目されています。

工場や住宅地などで活用が広がる太陽熱

太陽熱エネルギーは、暖房や給湯などに使われています。その方式には、太陽から放射される熱エネルギーで集熱器の液体（水または特別な熱伝達液）を温め、その熱を循環させる液体集熱式と、軒先から取り入れた外気を集熱器で温め、その熱を循環させ、暖房や乾燥などに使う空気集熱式があります。具体的には、温泉施設や大規模商業施設などでの利用が進んでおり、エネルギー効率の向上が図られています。

また太陽熱エネルギーは、工場のプロセス熱供給や地域冷暖房など、幅広い用途に活用されています。たとえば、大学キャンパス内の集合住宅への熱供給といった新しい取り組みもあります。太陽熱エネルギーは低コストで、地域に密着したエネルギー供給が可能なため、将来的にさらなる拡大が期待されています。

環境負荷
太陽光パネルの製造時にはCO$_2$が排出されており、また発電時にも17〜48g-CO$_2$/kWhの排出が推計されている。

スマートシティ構想
ICTなどの技術を駆使して都市や地域の課題解決などを行い、持続可能な都市や地域をつくり上げる構想のこと。インフラの効率化、エネルギー消費の削減、交通渋滞の緩和などを目指す。

営農型太陽光発電
農地に支柱などを立て、その上部に太陽光パネルを設置することで、太陽光エネルギーを農作物の栽培と発電で共有する方法。

プロセス熱供給
工場の製造工程（プロセス）に必要な熱エネルギーを供給するしくみ。製造工程における化学反応や物質加工などに必要な温度を確保するため、ボイラーや熱交換器などが使われる。

▶ 営農型太陽光発電のイメージ

太陽光パネル

太陽光のエネルギーを農作物の栽培と発電で活用

写真提供：photoAC

▶ 太陽熱利用システムのイメージ

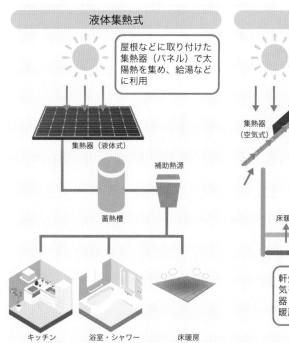

液体集熱式

屋根などに取り付けた集熱器（パネル）で太陽熱を集め、給湯などに利用

集熱器（液体式）

補助熱源

蓄熱槽

キッチン　　浴室・シャワー　　床暖房

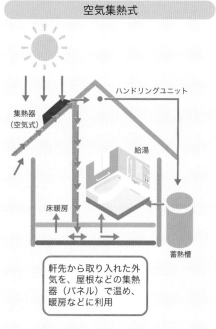

空気集熱式

ハンドリングユニット

集熱器（空気式）

給湯

床暖房

蓄熱槽

軒先から取り入れた外気を、屋根などの集熱器（パネル）で温め、暖房などに利用

出典：東京都環境局「太陽熱について」を参考に作成

Chapter8 02

多様な素材利用や設計革新により用途が広がる太陽電池

太陽電池は、太陽光エネルギーを電気エネルギーに直接変換する装置です。近年、ペロブスカイト太陽電池や量子ドット太陽電池といった技術の登場により、エネルギーの効率的な変換と低コスト化が進展しています。

非電化地域
電気供給網（電力網）が存在しないか、または十分に機能していない地域のこと。主に途上国の遠隔地や都市から離れた地域など。

シースルー太陽光パネル
海外では、イギリスでバス停やルーフバルコニー、植物温室などの屋根に半透明な太陽光パネルが使われている。

ペロブスカイト
もとは灰チタン石のことで、その特定の結晶構造をペロブスカイト構造といい、この構造をもつ物質を総称してペロブスカイトと呼ぶようになった。特に太陽光発電の分野で注目されている。

量子ドット
数ナノ～数十ナノmの大きさをもつ半導体結晶。光を吸収して発光する特性をもち、太陽電池、ディスプレイ、バイオイメージングなど、多岐にわたる応用が期待されている。

エネルギー自給などで重要性が高まる太陽電池

太陽電池は、太陽光エネルギーを電気エネルギーに直接変換する装置です。半導体素材が太陽光を受けることで電子が励起され、電流が発生します。太陽電池には、単結晶シリコン、多結晶シリコン、薄膜シリコンなどの種類があり、変換効率や価格などが異なるものから、用途に合わせて選ばれます。

太陽電池は、家庭用から工業用まで幅広い用途で利用されています。特に自宅での発電による電力コストの削減や、非電化地域への電力供給などが挙げられ、太陽電池の普及によるCO_2排出の削減やエネルギー自給率の向上などが期待されます。

太陽電池の柔軟化など最新技術

太陽電池の技術は急速に進歩しており、特に新しい素材の発見や設計の革新などにより、従来の形状や特性にとらわれない多様な技術が開発されています。たとえば現在、透明な物質でつくる太陽電池の開発が進んでいます。これが普及すれば、ビルの窓やスマートフォンの画面でも発電が可能になります。日本では、800枚以上のシースルー太陽光パネルを壁面ガラスとして採用した事例があります。また、ペロブスカイトという結晶構造をもつ素材を使った太陽電池もあります。柔軟・軽量なため、これまで困難だった場所へも設置でき、高い変換効率と低コスト製造が可能になり、近年の研究で大きな進展がみられています。

また、道路の路面に太陽光パネルを埋め込む技術や、量子ドットと呼ばれる微小な半導体粒子を使った太陽電池なども開発されています。これらの技術は、持続可能なエネルギー供給のための選択肢として、研究や開発が進められています。

▶ 透明太陽電池のイメージ

住宅やビルの窓ガラス、
自動車のガラスなどへの
利用が期待される

画像提供：iStock / baona

▶ ペロブスカイト太陽電池

柔軟・軽量という特徴が
あり、これまで困難だっ
た場所への設置が可能

画像提供：Wikimedia / Dennis Schroeder / National Renewable Energy Laboratory

Chapter8 03

発電方式により多くの種類があり 家庭や産業に活用可能な燃料電池

燃料電池は、電力・ガス業界の最前線で注目を集める分野のひとつです。CO_2排出を削減する技術と位置付けられ、自動車産業をはじめとした多くの分野で応用が進められています。

水素やメタノール、天然ガスなどを使う燃料電池

燃料電池は、化学エネルギーを電気エネルギーに変換する装置です。定置用燃料電池の熱効率は35〜60%、電気と熱を併せた総合エネルギー効率は80%程度とされています。

燃料電池にはさまざまな種類があります。家庭用・車両用として注目されている固体高分子形燃料電池（PEFC: Polymer Electrolyte Fuel Cells）は、電解質に高分子膜を用いたもので、主に水素を燃料として使い、水の電気分解の原理により水素と酸素を反応させて電気を発生させる装置です。直接メタノール燃料電池（DMFC: Direct Methanol Fuel Cells）は、メタノールを燃料として使うもので、移動体電源への応用が期待されています。

また、固体酸化物燃料電池（SOFC: Solid Oxide Fuel Cells）は、天然ガスなどを燃料として使うことができ、大規模発電所や家庭用のコージェネレーションシステム（P.54参照）などの用途が考えられます。これらの燃料電池は、それぞれの特性や適用範囲に応じて、さまざまな場面での利用が期待されています。

技術進展とコスト削減により拡大が進む

燃料電池の用途は、自動車やバス、固定式発電機など、多岐にわたります。特に自動車産業では、燃料電池自動車（FCV）の普及が進んでいます。日本国内では、東京オリンピックで燃料電池バス（FCバス）が運行した例が挙げられます。燃料電池技術のさらなる進展とコスト削減により、2030年代には市場規模が10倍以上に拡大すると予測されています。また、エネルギー効率が高く、CO_2排出が少ないため、環境対策としても重視されています。将来的には、さらなる普及と技術の進歩が期待されます。

熱効率
熱エネルギーとして投入されたエネルギーのうち、有用なエネルギーに変換された比率。エンジンやボイラーなどの機器がどれだけ効率的に燃料をエネルギーに変換するかを測定するためのもの。高いほど望ましいとされる。

種類
このほか、リン酸形燃料電池（PAFC: Phosphoric Acid Fuel Cells）、溶融炭酸塩形燃料電池（MCFC: Molten Carbonate Fuel Cells）、アルカリ電解質形燃料電池（AFC: Alkaline Fuel Cells）などがある。

燃料電池自動車
水素を主要な燃料とし、燃料電池により水素と酸素の化学反応で電気を生成し、モーターを動作させる車両。排出するのは水のみで、CO_2を排出しないのが特徴。

▶ 燃料電池（PEFC）のしくみ

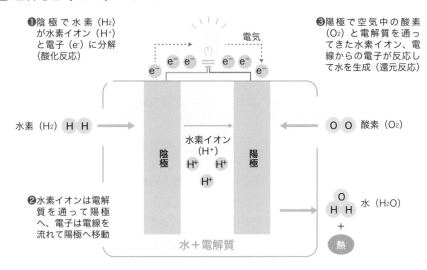

❶陰極で水素（H_2）が水素イオン（H^+）と電子（e^-）に分解（酸化反応）

❸陽極で空気中の酸素（O_2）と電解質を通ってきた水素イオン、電線からの電子が反応して水を生成（還元反応）

電気

e^- e^- e^- e^- e^- e^-

水素（H_2） H H

O O 酸素（O_2）

水素イオン（H^+）

陰極

陽極

H^+ H^+ H^+

❷水素イオンは電解質を通って陽極へ、電子は電線を流れて陽極へ移動

O H H 水（H_2O）

＋ 熱

水＋電解質

出典：国立研究開発法人 国立環境研究所・環境展望台「燃料電池」を参考に作成

▶ 燃料電池自動車（FCV）のしくみ

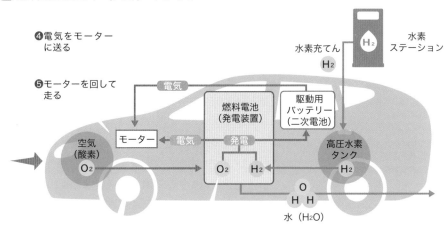

❹電気をモーターに送る

❺モーターを回して走る

水素充てん H_2

水素ステーション H_2

電気

モーター ← 電気

燃料電池（発電装置）

駆動用バッテリー（二次電池）

空気（酸素） O_2

発電 電気

O_2 H_2

高圧水素タンク H_2

O H H 水（H_2O）

❶空気を吸い込む　❷酸素と水素を燃料電池へ送る　❸化学反応で電気と水を発生　❻水を車外へ排出

参考：トヨタ自動車株式会社 FCV（燃料電池）駆動システムより
出典：佐賀県「FCV のしくみ」をもとに作成

Chapter8 04

再エネ由来の電力の安定供給など 電力管理に必要不可欠な蓄電池

蓄電池は電気を貯蔵し、必要なときに取り出せる装置として需要が高まっています。再生可能エネルギー（再エネ）の普及、災害対策の拡充、エネルギーの効率利用といった側面でも重要で、活用範囲は広がっています。

EVや再エネなどで需要が高まる蓄電池

蓄電池は、電気を一時的に蓄える機能をもった装置です。蓄電池を使えば、電気を貯蔵し、必要なときに取り出して使うことができます。太陽光や風力などの再エネの安定供給を確保するためにも、蓄電池はますます注目を集めています。

蓄電池には、鉛蓄電池、リチウムイオン電池、NAS電池、ニッケル水素電池などの種類があります。それぞれ充電サイクルや寿命などが異なり、特徴に応じた用途で使われています。なかでもリチウムイオン蓄電池は軽量で大容量、長寿命という特性から、家庭や産業で多く用いられています。電気自動車（EV）市場の拡大に伴い、蓄電池市場も拡大することが予測され、全世界での市場規模は、2050年に約100兆円規模に達する見込みです。

蓄電池の活用による将来への期待

蓄電池は、新しいビジネスチャンスをもたらしています。たとえば、スマートグリッドやVPP（仮想発電所）などの普及により、デマンドレスポンス市場が拡大し、そのなかで蓄電池の果たす役割が重要視されています。また、AIが実装された蓄電池も登場し、電気が余っているときに自動的に貯蔵し、必要なときに放出するなど、エネルギー管理でも活用が期待されます。さらに、家庭や企業以外でも、系統用蓄電池が普及しつつあり、系統の安定性を高め、新たなビジネスも生み出すことが想定されます。

2022年版の蓄電池市場調査報告書によると、日本国内の蓄電池市場は過去5年間で年平均約20%の成長率で拡大しており、この勢いは続くと予想されます。今後、EVの普及や分散型電源の導入拡大に伴い、蓄電池技術のさらなる進歩が期待されています。

NAS電池
陰極にナトリウム（Na）、陽極に硫黄（S）、電解質にファインセラミックスを用いて、ナトリウムと硫黄の化学反応で充放電をする蓄電池。

スマートグリッド
ITを活用して電力供給と需要を最適化する先進的な電力網。

VPP
複数の発電装置や蓄電池などの電力を1つの発電所のように仮想的に統合・制御するシステム。

デマンドレスポンス
電力の需要と供給のバランスを調整するしくみ。ピーク時に電力消費を控えるよう、電力会社などが需要家へ依頼することで、一時的に消費量を制御する。

系統用蓄電池
電力系統に接続し、電力需給の安定化や再エネの普及に役立てられる。

▶ リチウムイオン電池のしくみ

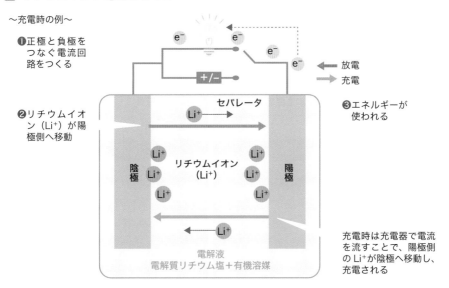

～充電時の例～

❶ 正極と負極を
つなぐ電流回
路をつくる

❷ リチウムイオ
ン（Li⁺）が陽
極側へ移動

セパレータ

Li⁺

❸ エネルギーが
使われる

陰極

リチウムイオン
（Li⁺）

陽極

Li⁺ Li⁺ Li⁺ Li⁺ Li⁺ Li⁺ Li⁺

◀ 放電
充電

充電時は充電器で電流
を流すことで、陽極側
の Li⁺ が陰極へ移動し、
充電される

電解液
電解質リチウム塩＋有機溶媒

出典：国立研究開発法人 国立環境研究所・環境展望台「蓄電池」を参考に作成

第8章

エネルギーの新時代

▶ 蓄電池の世界市場の推移

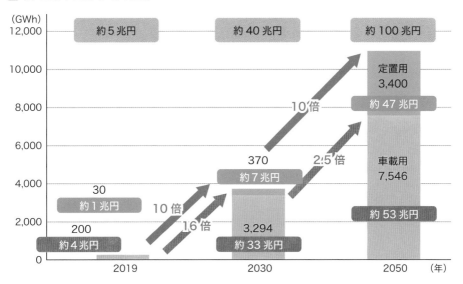

出典：IRENA、企業ヒアリング等を元に、経済規模は、車載用パック（グローバル）の単価を、2019 年 2 万円 /kWh→2030 年 1 万
円 /kWh→2050 年 0.7 万円 /kWh として試算
出所：経済産業省「蓄電池産業戦略」（2022 年 8 月 31 日）をもとに作成

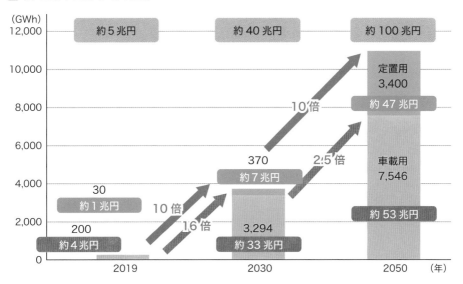

Chapter8
05

陸上風力は比較的設置しやすいが洋上風力はコストなどが課題

風力発電は、再生可能エネルギー（再エネ）が注目されるなか、持続可能な電力供給の柱となっています。風車を地上に設置する陸上風力と、海上や湖上に設置する洋上風力があり、特性に合った条件で展開されています。

比較的設置しやすい陸上風力発電

風力発電は、再エネのひとつである風の力で風車を回し、その回転エネルギーで発電する方式です。特に陸上風力発電は、設置が比較的容易であり、多くの国で普及しています。陸上風力発電のメリットとして、建設やメンテナンスのコストが洋上風力に比べて低いことが挙げられます。たとえば、北海道や九州では風の強い地域を活用した大規模な風力発電所が運転を開始しています。

一方で、風の不安定さや騒音問題などを解消する必要があり、地域に応じた適切な設計や配置が求められるため、建設前には住民への説明会、運用後も見学会を開催しています。

建設や維持管理のコストが課題の洋上風力発電

洋上風力発電は、海や湖の風で発電する方式です。洋上の風は一般的に陸上より強く、安定しているため、高い発電効率があるといわれています。事実、欧州では多数の洋上風力発電所が稼働しています。日本でも技術開発が進み、秋田沖などで商業運転が予定されています。しかし、高い建設コストや維持管理の課題など、乗り越えるべき障壁も多いのが現状で、技術的進歩が期待される分野です。

洋上風力発電は、「着床式」と「浮体式」の2種類に大きく分かれます。着床式は、発電設備の支柱を海底まで到達させ、基礎構造物で固定する方式です。一般的に、水深が50m以下の比較的浅い海域で採用されます。浮体式は、発電設備自体が洋上に浮遊しており、係留により位置を保持する方式です。水深が深い場所、特に50mを超える海域で採用されています。

騒音問題
風車の回転から生じる騒音が近隣住民の悩みの種となることがある。特に低周波音は、健康や生活への影響が懸念されており、適切な場所選定や技術的な対策が求められている。

秋田沖
秋田県沖は、能代市・三種町・男鹿市沖や、由利本荘市沖など、日本の洋上風力発電の先駆けとして注目を集めている。海底が浅く風の条件が良好なため、洋上風力発電に適しているとされる。

▶ 日本の風力発電の新規導入量の推移

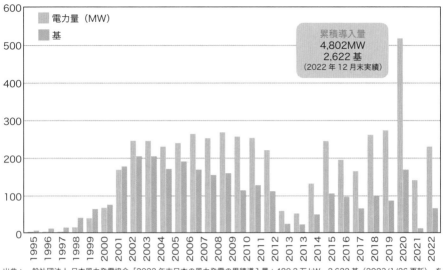

出典：一般社団法人 日本風力発電協会「2022 年末日本の風力発電の累積導入量：480.2 万 kW、2,622 基（2023/1/26 更新）」を
もとに作成

▶ 風力発電の主な形態

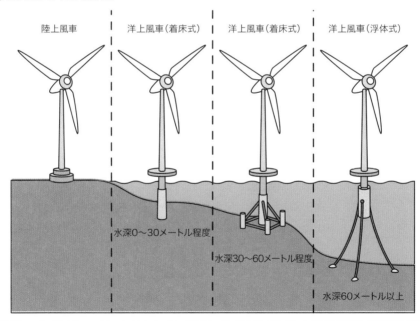

陸上風車 | 洋上風車（着床式） | 洋上風車（着床式） | 洋上風車（浮体式）

水深0〜30メートル程度

水深30〜60メートル程度

水深60メートル以上

出典："Dynamics Modeling and Loads Analysis of an Offshore Floating Wind Turbine"（2007, NREL）より NEDO 作成
出所：独立行政法人 新エネルギー・産業技術総合開発機構（NEDO）「NEDO再生可能エネルギー技術白書 第 2 版」をもとに作成

Chapter8 06

低コストで安定的に発電でき 電力供給の基盤となる水力発電

水力発電は、水の位置エネルギーを利用して電気を生み出す発電方式です。日本でも古くから利用されており、水力は再生可能エネルギー（再エネ）のなかでも安定供給が可能なエネルギーとして改めて注目されています。

一定の電力を確保できる水力発電

　水力発電は、高所から水を落とし、高い位置に蓄えられた水を低い位置へ放流する際の位置エネルギーでタービンを駆動させて発電する方式です。主に、ダムや取水堰などから放出される水の勢いを利用し、電気を生み出します。

　水力発電は、大きく分けて「流れ込み式」「貯水池式」「揚水式」の3つの方式があります。日本には多くの河川があり、この流れをそのまま利用する流れ込み式や、ダムなどの貯水池を利用する貯水池式などが一般的です。奈良県の丹生ダムは貯水池式の代表的な施設であり、年間を通して水量を調整でき、一定の電力を確保できるという特長があります。

水力発電のメリットと日本における取り組み

　水力発電の最大のメリットは、CO_2排出が少なく、持続可能性が高いことです。また発電所が完成すると、長期にわたって稼働できる点は大きな特長であり、一定の電力を低コストで安定的に供給する「ベースロード電源」としての役割を担っています。ダムの建設により洪水調節や農業用水供給も行えるため、多目的に利用されることが多いです。

　日本は多雨で、河川が多いという地形的特徴をもつため、水力発電のポテンシャルが高いといわれています。現在、日本の総発電量に占める水力発電の比率は約7％です。この数値は再エネのなかで、太陽光に次いで高いものです。今後、さらなる効率化の技術や新たな発電所の開発が進められるなか、持続可能な電源としての役割がより重視されるでしょう。

取水堰
発電用の水を河川などから得るため、河川などを横断して水位を制御する施設。

揚水式
発電所の上部と下部に調整池をつくり、上部から下部へ水を落として発電する方式。夜間に余剰電力を使って上部の池に汲み上げる。

ベースロード電源
一定の電力を低コストで安定して供給できる、電力供給の基盤となる電源のこと。

洪水調節
ダムは、大雨などの際に河川の水を蓄え、ダム下流の河川の水位上昇や、都市・農地の浸水リスクを軽減でき、地域の安全に寄与している。

▶ 再エネ電力の割合（2022年度）

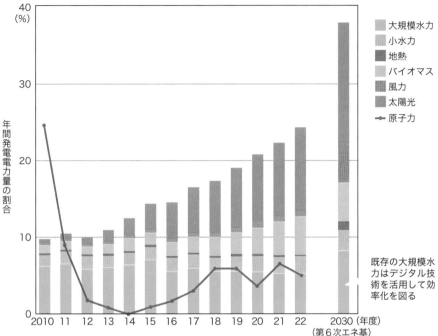

凡例:
- 大規模水力
- 小水力
- 地熱
- バイオマス
- 風力
- 太陽光
- ◆ 原子力

既存の大規模水力はデジタル技術を活用して効率化を図る

出典：資源エネルギー庁の電力調査統計などから ISEP 作成
出所：特定非営利活動法人 環境エネルギー政策研究所（ISEP）「国内の 2022 年度の自然エネルギー電力の割合と導入状況（速報）」をもとに作成

▶ 電力需要に対応した発電の組み合わせ

最小需要日（５月の晴天日など）の需給イメージ

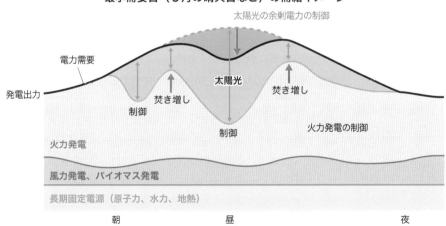

太陽光の余剰電力の制御

電力需要
発電出力
制御
焚き増し
太陽光
焚き増し
制御
火力発電の制御
火力発電
風力発電、バイオマス発電
長期固定電源（原子力、水力、地熱）
朝　　　昼　　　夜

出典：資源エネルギー庁「日本のエネルギー 2022 年度版『エネルギーの今を知る 10 の質問』」をもとに作成

Chapter8 07

エネルギー供給の安定性は高いが環境や地域への配慮が必要な地熱

地熱発電は、地中内部の熱を利用して電気を生み出す発電方式です。火山が多い日本などの国では、再生可能エネルギー（再エネ）のなかでも持続可能なエネルギー源として活用が期待されています。

長期的に安定供給が可能な地熱発電

地熱発電は、地中内部にある高温の水蒸気や熱水などの熱エネルギーを利用して発電する方式です。地熱は、火山活動や放射性元素の崩壊などで蓄積されたもので、長期的に安定供給が可能なエネルギーとされ、持続的な電力供給とCO_2削減を両立するものとして期待されています。日本は火山国として知られ、地熱資源が豊富であり、地熱発電所のポテンシャルは高いといえます。

地熱発電には、代表的な方式として「フラッシュ式」と「バイナリー式」があります。フラッシュ式は、地中から高温の水蒸気と熱水を取り出し、熱水から分離した水蒸気でタービンを駆動させます。発電後の水蒸気は冷やされ、水蒸気の冷却などに使われます。一方、バイナリー式は、地中から取り出した熱水がそれほど高温でない場合、熱水で低沸点の作動媒体（アンモニア水など）を蒸発させ、作動媒体の蒸気でタービンを駆動させます。使用後の作動媒体は冷却して液体に戻され、再び作動媒体として供給されるシステムになっています。これらの方式は、地熱の温度や地下資源の状態に適したものが採用されます。

環境や地域との調和が不可欠

地熱発電のメリットとして、太陽光や風力などと異なり、天候に左右されることなく、24時間365日安定して発電可能なことが挙げられます。地熱は再エネのなかでも特に安定性が高いといわれ、ベースロード電源（P.194参照）として価値があります。

一方、地熱採取による地下水位の変動や、温泉資源への影響などの環境問題も指摘されています。このため、発電所設置の際には、周辺環境やコミュニティとの調和を図ることが不可欠です。

地熱発電所
たとえば、秋田県や熊本県などではすでに商業運転を行っている地熱発電所が存在する。

タービン
水蒸気などの流体の動きを回転エネルギーに変換する装置で、発電所でよく使われる。

地下水位の変動
地熱発電では、地中内部にある高温の水蒸気や熱水などを取り出して発電するため、地下水位が変動するリスクがある。

🔽 日本の主な地熱発電所 (2023年4月)

森地熱発電所

大沼地熱発電所

松尾八幡平地熱発電所
松川地熱発電所
葛根田地熱発電所

澄川地熱発電所

上の岱地熱発電所
山葵沢地熱発電所
鬼首地熱発電所

滝上発電所、滝上バイナリー発電所

柳津西山地熱発電所

菅原バイナリー発電所

奥飛騨温泉郷 中尾地熱発電所

わいた地熱発電所

杉乃井地熱発電所

大霧発電所

大岳発電所
八丁原発電所
南阿蘇湯の谷地熱発電所

山川発電所、
山川バイナリー発電所

メディポリス指宿発電所

出典：地熱調査総合センター（2009）全国地熱ポテンシャルマップ CD-ROM をもとに作成・加筆
出所：日本地熱協会「日本の地熱発電」を参考に作成

🔽 フラッシュ式地熱発電のしくみ

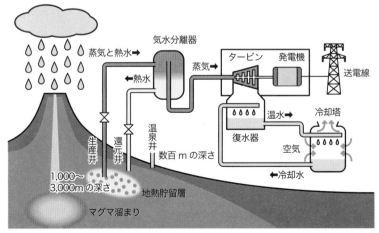

蒸気と熱水➡

気水分離器

タービン　発電機

蒸気➡

送電線

←熱水

温水➡

冷却塔

生産井

還元井

温泉井

数百 m の深さ

復水器

空気

←冷却水

1,000〜
3,000mの深さ

地熱貯留層

マグマ溜まり

出典：独立行政法人 エネルギー・金属鉱物資源機構（JOGMEC）「蒸気発電」をもとに作成

エネルギーの循環を可能にする
生物由来の資源であるバイオマス

Chapter8
08

自然界に豊富に存在するバイオマスは、エネルギー源としても利用できます。林地残材、農作物残渣、食品廃棄物など、身の回りにある資源を使うことで、循環型のエネルギー供給を実現できます。

生物由来の資源を使ってカーボンニュートラル

バイオマスとは、動植物などから生成された生物資源や有機資源のことで、木材、農作物の残渣、家畜のふん尿、食品廃棄物などが含まれます。これらの資源は再生可能であり、バイオマスを燃料として使っても**カーボンニュートラル**とされるのが特徴です。

バイオマスには多様な種類があり、それぞれ異なる用途があります。たとえばサトウキビやトウモロコシなどは、発酵・蒸留してエタノール（バイオマスエタノール）の生産に用いられ、エタノールは燃料として利用されます。また、家畜のふん尿や食品廃棄物などは、微生物の働きで分解され、発生した**バイオガス**は発電や暖房などに使われます。

バイオマスは環境だけでなく地域経済にも貢献

バイオマスのメリットは、再生可能でカーボンニュートラルなエネルギー源であることです。バイオマスを燃料として燃焼したときに排出されるCO_2は、その植物が成長過程で吸収したCO_2とほぼ等しく、循環型のエネルギーとされています。バイオマス発電で排出されるCO_2は、次にバイオマスとなる植物の成長過程で再び吸収され、環境負荷を低減できます。また地域資源を活用することで、地域経済の振興や雇用の創出も期待されます。

日本では、木質バイオマスを中心に利用が進められています。たとえば秋田県のバイオマス発電所では、地域の廃棄木や間伐材を使い、電力を供給しています。近年、バイオマスの取り組みは国の再生可能エネルギー推進策の一環としても位置付けられ、発電量を増加させる目標が設定されています。持続可能な社会を目指すうえで、バイオマスの積極的な活用が期待されています。

カーボンニュートラル
バイオマスを燃料として発電や熱供給を行うとCO_2を排出するものの、CO_2を吸収して成長した木材などを材料としていることから、大気中のCO_2総量に影響がない。

バイオガス
微生物の働きにより有機物が分解される際に発生するガス。主成分はメタン（CH_4）とCO_2で、メタンが50〜70%、CO_2が30〜50%程度を占める。

間伐材
森林の健全な成長を促すために行われる間伐作業で取り除かれる木材。森林内の木々が適切な間隔で育つように不要な木を伐採することで、日当たりや風通しをよくし、木の健康的な成長を支援する。

▶ 主なバイオマス資源の利用の流れ

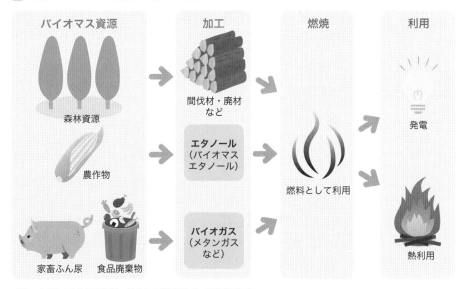

出典：島根県「バイオマス発電、バイオマス熱利用とは」を参考に作成

▶ バイオマスの活用状況

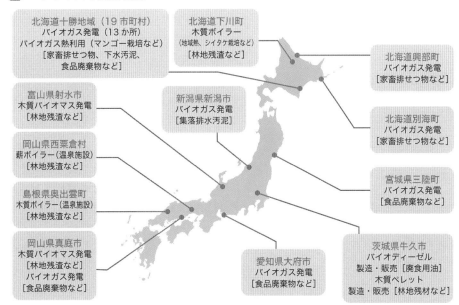

出典：資源エネルギー庁「知っておきたいエネルギーの基礎用語〜地域のさまざまなモノが資源になる『バイオマス・エネルギー』」
　　　（2017-11-28）を参考に作成

Chapter8 09

次世代のクリーンエネルギーとして注目が集まる水素

水素は次世代のクリーンエネルギーとして注目されていますが、生産方法の違いにより色の名称がつけられています。これらの名称は水素を生産する際のエネルギー源や技術、環境への影響などを示しています。

CO₂を排出しないクリーンエネルギーとしての水素

水素は地球上に豊富に存在する元素であり、次世代のクリーンエネルギーとして期待が集まっています。水素の主な特徴として、燃焼時にCO_2を排出しないことが挙げられ、自動車産業では今後、ガソリンやディーゼル燃料から転換する燃料源として注目されています。さらに、太陽光などの再生可能エネルギー（再エネ）との連携も想定され、水素需要は拡大する見込みです。これらの取り組みが進むことで、水素経済の確立も期待されています。

水素の生産方法による分類

水素自体に色はついていませんが、水素の生産方法の違いにより、それぞれ「色」の名称がつけられています。まず、再エネで発電した電力を使って生産された水素は「グリーン水素」と呼ばれます。「ブルー水素」は、天然ガスなどを原料とし、CO_2を回収する方法で生産された水素です。「イエロー水素」は太陽光発電、「ピンク水素」は原子力発電の電力を使って生産された水素をいいます。最後に、CO_2を排出して生産される水素は「グレー水素」と呼ばれます。これらの生産方法の違いによって環境負荷は異なり、それぞれの水素ごとに適した用途や製造コストがあります。

2020年の統計によると、多くの国では「グレー水素」が主流で、CO_2排出の問題が指摘されています。日本政府は2023年に「水素基本戦略」を改定し、2040年までに国内の水素導入量を年間1,200万トンに拡大して、水素社会を実現する目標を掲げています。具体的には、再エネ由来の水素の製造コストの低減や、水素サプライチェーンの構築などのほか、水素の国際連携の強化など、官民合わせて今後15年間で15兆円の投資を行う予定です。

ディーゼル燃料
石油を精製する過程で得られる液体燃料。軽油ともいう。ガソリンより沸点が高く、燃費性能がよい。

環境負荷
環境に与える影響や悪影響。工業や生活などからの汚染物質の排出、森林伐採、過剰な資源消費などが含まれる。

水素の種類と生産方法の違い

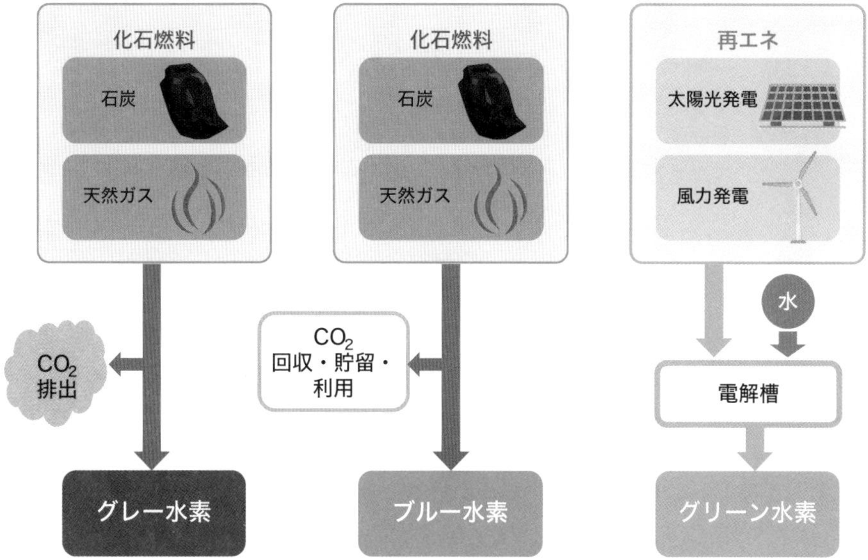

化石燃料
石炭
天然ガス
CO2
排出
グレー水素
化石燃料
石炭
天然ガス
CO2
回収・貯留・
利用
ブルー水素
再エネ
太陽光発電
風力発電
水
電解槽
グリーン水素

出典：資源エネルギー庁「次世代エネルギー『水素』、そもそもどうやってつくる？」（2021-10-12）をもとに作成

持続可能な発展シナリオにおける水素生産量の推移（2019～70年）

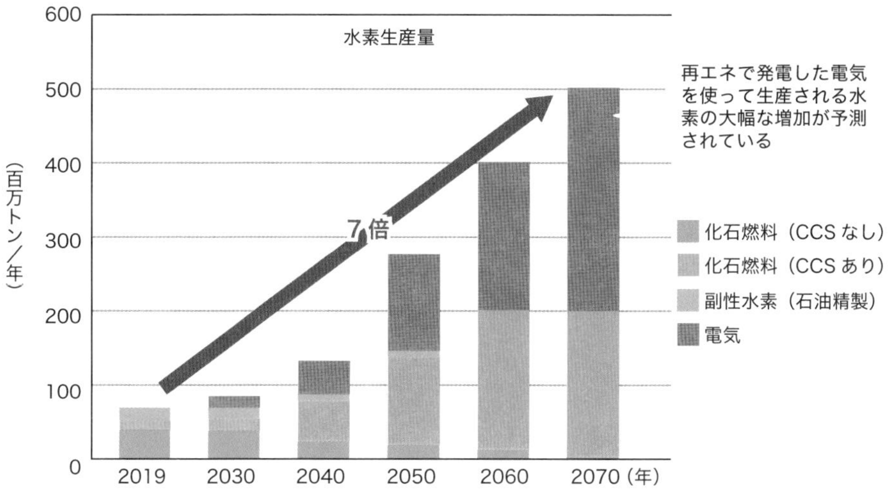

600
500
400
300
200
100
0
（百万トン／年）
水素生産量
7倍
再エネで発電した電気を使って生産される水素の大幅な増加が予測されている
化石燃料（CCSなし）
化石燃料（CCSあり）
副性水素（石油精製）
電気
2019
2030
2040
2050
2060
2070（年）

出典：Energy Technology Perspectives 2020
出所：資源エネルギー庁「水素社会実現に向けた経済産業省の取組」（2020年11月）をもとに作成

アンモニアは燃料利用だけでなく エネルギーキャリアとしても注目

アンモニアは主に肥料として利用されてきましたが、燃焼時にCO_2を排出しないことから、燃料としての用途が注目されるようになりました。また再生可能エネルギー（再エネ）のエネルギーキャリアとしても期待されています。

CO_2を排出しないアンモニアの燃料利用

アンモニア（NH_3）は刺激臭のある無色の気体で、肥料や工業用の原料などに使われています。アンモニアは燃料としてのポテンシャルもあり、燃焼してもCO_2を排出しないため、発電のためのクリーンなエネルギー源として期待されています。

アンモニアは発電への利用だけではなく、船舶や特定の輸送機関の燃料としての利用も研究されています。具体的には、**アンモニアを動力源とする船舶**の開発が進められており、CO_2排出削減対策として実用化が目指されています。

アンモニアのエネルギーキャリアとしての可能性

太陽光や風力などのエネルギーは安定供給に課題があるため、エネルギーの貯蔵や輸送の技術が求められていますが、これに対する解決策のひとつとしてアンモニアが注目されています。

アンモニアは、液体の状態で比較的安全に輸送や保存ができ、**エネルギーキャリア**としての用途が考えられます。またアンモニアは、既存のインフラにより輸送できるため、新たにインフラを整備する必要がなく、エネルギー供給のコストを抑えることができきます。日本では2030年を目途に、太陽光や風力で生成した電力からアンモニアを生産する技術が研究されており、再エネ利用を促進するものとして期待されています。

一方、アンモニアには課題もあります。たとえば、燃焼すると**窒素酸化物（NOx）**を生じる可能性があるため、これを低減する技術が求められます。また、アンモニアの生産には大量のエネルギーが必要で、そのエネルギーをどう確保するか、アンモニア製造時に排出されるCO_2をどう扱うかも課題となります。

アンモニアを動力源とする船舶
ディーゼルエンジンを改良し、エンジン内でアンモニアを混燃させる技術や、アンモニアだけを燃焼させる技術など、アンモニア燃料の船舶への適用が研究されている。

エネルギーキャリア
エネルギーを取り扱いやすい状態に変換して輸送や保存を行い、必要なときに再変換をしてエネルギーを利用するための方法や材料を指す。

窒素酸化物（NOx）
高い温度で燃焼したとき、空気中の窒素と酸素が結びついて発生する気体。特に二酸化窒素（NO_2）などは呼吸器に悪影響を及ぼす可能性がある。また、大気中で化学反応を起こし、オゾン層の形成や、酸性雨の原因となる硫酸や硝酸の生成などを促進する。

▶ アンモニアの主な用途

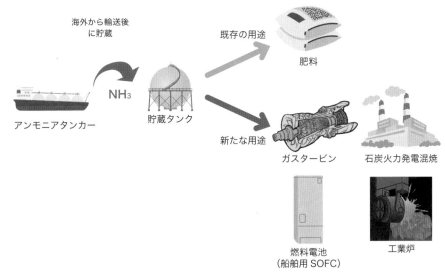

出典：資源エネルギー庁「アンモニアが"燃料"になる⁈（前編）～身近だけど実は知らないアンモニアの利用先」を参考に作成

▶ アンモニア導入・拡大のロードマップ

出典：資源エネルギー庁「燃料アンモニア導入官民協議会 中間取りまとめ」（2021年2月）を参考に作成

メタン

Chapter8
11

強力な温室効果ガスであるものの エネルギー源として有用なメタン

メタンは温室効果ガスのひとつとして知られています。しかし、新しいエネルギー源としての用途もあり、ガスの脱炭素化につながる技術としてメタネーションが注目されています。

温室効果が高いメタンの管理の重要性

炭化水素化合物
炭素原子（C）と水素原子（H）、あるいはこれらとほかの原子から成り立っている化合物の総称。メタンのほか、エタン（C_2H_6）やプロパン（C_3H_8）など。

メタン（CH_4）は炭化水素化合物のひとつで、天然ガスの主成分（メタンが約90％以上）として知られています。メタンには可燃性があり、調理や暖房、発電など、エネルギー源として幅広い用途があります。

一方で、メタンは強力な温室効果ガスでもあります。実際、メタンの温室効果はCO_2の28倍とされ、気候変動に影響を与える原因となります。特に、石油・ガスの採掘時や輸送中の漏えいが問題視され、多くの国々でメタンの排出管理や漏えい防止の技術の開発が行われています。日本でもメタンハイドレートの採掘技術、石油・ガスの採掘時や輸送中のメタン漏れを防ぐための高精度な検出・監視技術の開発が進められています。さらに、廃棄物処理の改善によるメタン排出削減に向けた取り組みもあります。

メタンハイドレート
水分子中にメタンが閉じ込められた氷状の物質。深海底や永久凍土などに存在する。現在は商業的な採掘や利用が難しい状況にある。

ガスの脱炭素化を実現するメタネーション技術

合成メタン
人工的な手段やプロセスを用いて製造されるメタン。主にCO_2と水素（H_2）の化学反応により生成される。

日本は2050年のカーボンニュートラル実現を目指し、ガスの脱炭素化が求められるなか、メタネーション技術が注目されています。この技術は、CO_2と水素からメタンを合成するものです。メタネーションにより生成された合成メタンは、天然ガスと同様に都市ガスでも利用でき、都市ガスの原料を合成メタンに変えることで、ガスの脱炭素化が実現できます。また、既存のガス供給インフラをそのまま利用できるため、経済効率もよく、脱炭素化がより進展することが期待されています。日本政府もこの技術の重要性を認識し、2050年カーボンニュートラルに伴うグリーン成長戦略のなかで、メタネーションを「次世代熱エネルギー産業」と位置付け、その普及をサポートする方針を示しています。

▶ メタネーションによるCO₂排出削減効果

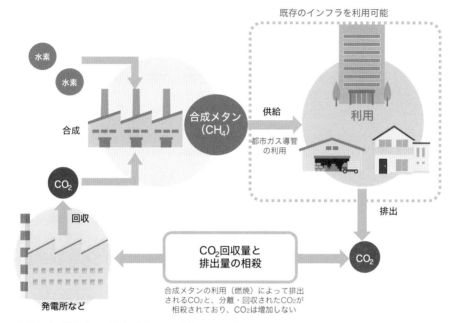

※発電所で化石燃料を使用した場合、合成メタンの燃焼を通じて、結果としてCO_2が排出される
出典：日本ガス協会「カーボンニュートラルチャレンジ2050 アクションプラン」を一部修正
出所：資源エネルギー庁「ガスのカーボンニュートラル化を実現する『メタネーション』技術」（2021-11-26）をもとに作成

👍 ONE POINT

牛のゲップ由来のメタンの削減

　メタンは、牛のゲップにも多く含まれます。そのため、牛肉生産とそれに伴うメタン排出は、地球温暖化の原因として指摘されています。牛が草を食べる際、第一胃内のメタン細菌によりメタンが生成され、その後、ゲップとしてメタンが排出されます。現在、環境負荷を低減させるため、メタン生成を抑制する飼料や飼養技術の開発などが行われています。このように、牛肉の持続可能な生産や消費の見直しも必要とされています。

Chapter8 12

未来の燃料になり得る CO₂排出を削減したSAF・合成燃料

SAF（サフ）と合成燃料は、化石燃料への依存から脱するための新しいエネルギー源です。これらの燃料を使うことで、CO₂排出の削減や、再生可能エネルギー（再エネ）の活用などが促進され、未来の燃料として可能性を秘めています。

CO₂排出を最大で約80％削減するSAF

SAF（Sustainable Aviation Fuel）は、持続可能な航空燃料として開発されたもので、従来のジェット燃料と比較して、CO₂排出を大幅に削減できます。2020年のデータでは、SAF使用によりCO₂排出は最大で約80％削減できるとされています。SAFは、植物油や廃食油、バイオマスなどから製造され、再生可能であり、環境負荷が低いという特長があります。

航空業界でも温室効果ガスの削減が求められており、2030年までにSAFの使用比率を上げることを目標としています。また、日本の航空会社も環境目標の達成を目指し、SAFのテスト飛行や実証実験を実施し、その実用化を進めています。

CO₂と水素から合成される合成燃料

合成燃料は、CO₂と水素（H₂）を合成して製造される燃料の総称で、化石燃料に代わるエネルギー源として注目されています。合成燃料のひとつに、メタンを主成分とする合成ガス（シンガス）があります。これは、再エネ由来のグリーン水素（P.200参照）と、発電所や工場などから排出されるCO₂を使って製造されることから、カーボンニュートラルな燃料といえます。

近年、合成燃料の需要が伸びており、今後もさらなる成長が見込まれます。これは、環境問題への対応、エネルギー安定確保の向上、新しいビジネスチャンスを求める企業の活動などが背景にあります。実際、先進国では、ガス供給や発電などに合成燃料を使う例も増え、今後のエネルギーシフトの中心的な役割を担うと考えられています。

使用比率
具体的には、国内のSAF需要量を、ジェット燃料使用量のうちの10％にすることが見込まれている。

合成ガス（シンガス）
一酸化炭素（CO）と水素（H₂）から成るガスの混合物。天然ガスや石炭などから生成され、多くの化学工業プロセスに利用できるため、需要が高い。

エネルギーシフト
持続可能で環境に優しいエネルギー源へと移行すること。具体的には、化石燃料を基本としたエネルギーシステムから、再エネや低炭素技術などを基本としたシステムへの転換を意味する。

▶ SAFの利用料・供給量の見通し（2023年5月時点）

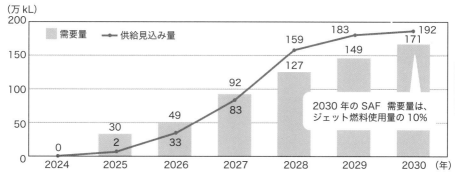

出典：資源エネルギー庁「持続可能な航空燃料（SAF）の導入促進に向けた施策の方向性について（中間取りまとめ（案））」（令和5年5月26日）をもとに作成

▶ 合成燃料の主な用途

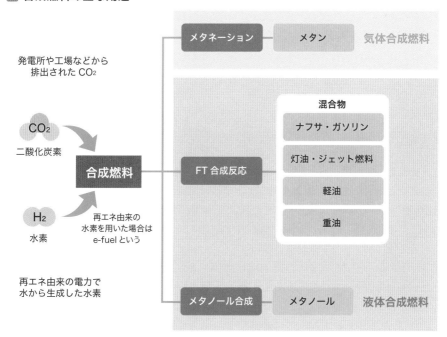

出典：資源エネルギー庁「エンジン車でも脱炭素？グリーンな液体燃料『合成燃料』とは」（2021-07-08）をもとに作成

エネルギー新時代における企業の変革

新時代を開拓する
スタートアップ

　世界は2050年のカーボンニュートラル実現を目指し、エネルギー新時代へと動き出しました。

　IEA（国際エネルギー機関）は2050年に向けたロードマップを発表しています。建物では2025年に化石燃料ボイラの販売終了、運輸では2035年に内燃機関自動車の新規販売終了などの目標が示されています。それぞれの分野での課題を達成したうえで、さらにCO_2を76億トン回収しなければなりません。

　コンサル大手のボストンコンサルティンググループ（BCG）は脱炭素社会の実現について、成熟した技術と新興の技術を使っても35％のギャップがあると報告しました。

　ギャップを埋める技術を開発する主役は「クリーンテック」と呼ばれるスタートアップです。クリーンテックは世界に約3.3万社あります。分野はエネルギー＆パワー（1.1万社）、資源＆環境（7千社）、素材＆ケミカル（4千社）、農業＆食料（4

千社）、交通＆ロジステックス（3千社）、実現技術（3千社）です。特に注目の技術は水素、CCUS（CO_2の回収・利用・貯留）、長期エネルギー貯蔵です。

エネルギー大手は
M&Aで変革へ

　エネルギー大手はスタートアップの買収などにより自らを変革し、エネルギー新時代のリーダーとなることを目指しています。

　具体的には、電気自動車（EV）が全盛になると、ガソリンスタンドはEV充電所に代替されていきます。それを見越して、石油メジャーの英蘭シェルはEV充電のスタートアップを次々と買収し、EV充電ビジネスを拡大しています。また、シェルは2019年、「2030年代に世界最大の電力会社になる」と宣言し、新電力会社を次々と買収しました。

　また、イタリア電力大手のエネルは再エネ会社などを買収し、再エネビジネスで世界トップの企業となることを目指しています。

第 9 章

未来の展望と課題

2050年のカーボンニュートラル実現のためには、エネルギーの製造だけではなく、エネルギーを利活用する社会全体での変革が求められます。また、モビリティや電気機器、航空・宇宙、地方自治体などとの連携も必要になるでしょう。ここでは、最近注目されている新技術や課題解決の取り組みについて紹介します。

Chapter9 01

CO_2排出量の46%削減に向け社会変革を経済成長へつなげる施策

日本は2050年のカーボンニュートラル実現に向け、持続可能なエネルギー利用のためのエネルギーミックスを展開しています。また技術開発や再生可能エネルギー（再エネ）導入を経済成長につなげることも目指されています。

2030年に46%削減、2050年に実質ゼロ

日本政府は2020年10月、温室効果ガスの排出を実質ゼロにするカーボンニュートラルを2050年までに実現し、脱炭素社会を目指すことを宣言しました。それを皮切りに、持続可能なエネルギー利用に向けたエネルギーミックス（P.14参照）が進められています。さらに、岸田政権ではグリーントランスフォーメーション（GX）の一貫として、クリーンなエネルギーを活用するための変革や、その実現に向けた活動により、環境と経済の両面での成長を目指し、エネルギーシフトを加速させていく姿勢を示しています。

日本は現在、依然として化石燃料が主要なエネルギー源として利用されるなか、再エネへの移行を進めています。そして2030年度には、46%のCO_2削減（2013年度比）を確実に実現することが中期的な目標です。

> **グリーントランスフォーメーション（GX）**
> 化石燃料に依存せず、環境負荷の低いエネルギーを活用してCO_2排出量を減らし、またCO_2排出削減の活動を経済成長の機会にするために社会を変革していこうとする取り組み。

未来のエネルギー供給と日本の取り組み

2030年度に向け、日本は独自の技術や知見を生かし、エネルギー供給分野で活躍することが期待されています。たとえば、蓄電技術の革新や、燃料電池自動車（FCV）の普及など、具体的な技術の発展を支える施策が盛り込まれています。

ガス業界も、2030年度のCO_2排出量46%削減に向け、大きな転換期を迎えています。まずは天然ガスの輸入量を減少させ、国内でのバイオガス（P.198参照）の製造・利用を増加させることを促進します。加えて、合成メタン（P.204参照）を2030年には既存インフラへ1%注入、2050年には90%注入するなど、都市ガスのカーボンニュートラル実現を目指しています。

▶ 日本の温室効果ガスの推移と目標

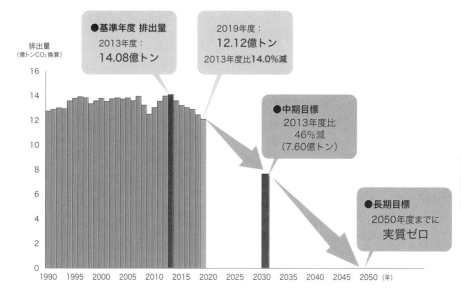

出典：「2019年度の温室効果ガス排出量（確報値）」及び「地球温暖化対策計画」から作成
出所：環境省「環境省における脱炭素化関係の施策について」（2021年10月27日）を参考に作成

▶ 2050年カーボンニュートラル実現に向けた日本の戦略

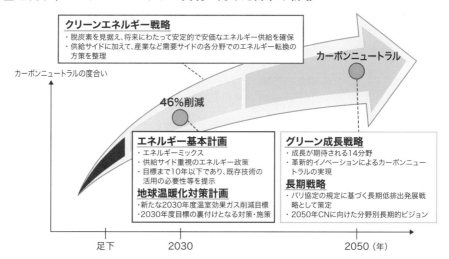

出典：資源エネルギー庁「モビリティのカーボンニュートラル実現に向けた水素燃料電池車の普及について」（令和4年9月）
をもとに作成

Chapter9 02

データやセンサ、AIの活用により効率性や利便性を向上

電力・ガス業界が直面する課題について、解決の鍵となるのがデジタルトランスフォーメーション（DX）です。これらはサービスの品質や効率性、そして持続可能性を飛躍的に向上させる可能性があります。

伝統的なビジネスモデル
発電から小売までを一貫して担う「垂直統合型」、経済的な理由で１つの組織が市場を支配する「自然独占」、必要経費と適正利潤を勘案して料金を決定する「総括原価方式」の３つの特徴をもつ。

デジタルトランスフォーメーション（DX）
企業が環境変化に対応し、データとデジタル技術を活用して、製品やサービス、ビジネスモデルだけではなく、業務そのものや組織、プロセス、企業文化・風土を変革し、競争上の優位性を確立すること。

スマートメーター
電気使用量を自動で計測し、データの収集・送信などの高度な機能を備えたデジタルの電力量計。

センサ
ガスの漏れや圧力の変動、流量、温度などの変化をリアルタイムで検出。ガス設備や配管などに多く取り付けられている。

伝統的なビジネスからの脱却が必要

電力・ガス業界はこれまで、伝統的なビジネスモデルに支えられてきました。しかし、デジタル技術の急速な進歩や、環境問題への対応の必要性などによりデジタルトランスフォーメーション（DX）が課題となっています。多くの企業がDXに取り組んでおり、主なものにスマートメーターの導入や、AIを活用した電力消費予測などがあります。これにより、効率的なエネルギー供給や、顧客ニーズに応じたサービス提供などが実現しています。

データ活用による効率化とコスト削減

電力業界では、DXにより業務効率化やコスト削減が実現しています。なかでも、スマートメーターの導入による電力データの収集・活用は、電力業界の新たなビジネスチャンスになる可能性を秘めています。たとえば、電力データの解析により、顧客の行動パターンやライフスタイルを把握でき、顧客ニーズに合わせた新たなサービスや料金プランを開発することが可能になります。具体的には、顧客の電力消費の状況を把握することで、省エネや節電の診断、精度の高いマーケティング活動などが実現できます。また、電力消費予測に基づき、発電量や送配電量などを最適化することで、電力需給のバランスを維持し、コストを削減することも可能です。

ガス業界でも、センサとクラウドを組み合わせた遠隔監視システムが開発され、ガス漏れをリアルタイムで検知し、事故を未然に防止するなど、安全性と利便性が向上しています。これらのDXは、業界の持続可能性と顧客の安全確保にも寄与しています。

▶ スマートメーターと関連システムの全体像

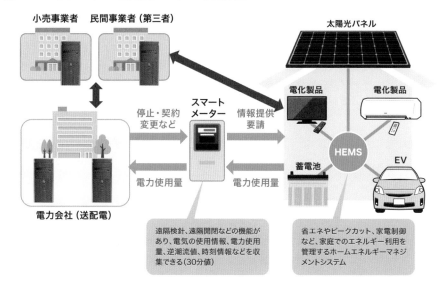

出典：資源エネルギー庁「次世代スマートメーターに係る検討について」（2020年9月8日）を参考に作成

▶ LPガスの遠隔監視システムのしくみ

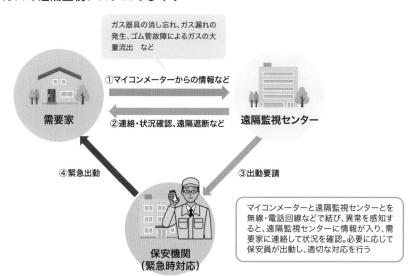

出典：経済産業省「ガスを安全に使用していただくために」をもとに作成

Chapter9 03

エネルギーの安定供給を実現する社会インフラの変革が必要

化石燃料から持続可能なエネルギー源へ転換を図るには、それを支える社会インフラの変革が不可欠です。そのためには、既存の電力網や蓄電システムなどを見直し、次世代技術を導入することなどが求められています。

再エネ導入率4割が目標

日本の主要なエネルギー源はいまだ化石燃料であり、2021年の統計によれば、日本のエネルギー消費の約6割が石油、石炭、天然ガスに依存しています。しかし、地球温暖化や資源枯渇により、持続可能なエネルギー源への転換が求められています。日本の再生可能エネルギー（再エネ）導入率は2021年時点で約2割ですが、この数字を2030年には36〜38%にすることが目標です。具体的な課題として、再エネ導入に伴う電力網の最適化、ピーク時の電力需要に応えるための電力貯蔵技術の発展が挙げられます。

社会インフラの変革の必要性

エネルギー転換を実現するためには、社会インフラの整備が必須です。その筆頭としてスマートグリッドが注目されています。スマートグリッドを使うと、電力の需要と供給がリアルタイムで最適化され、安定供給が可能となり、再エネの導入が円滑に進みます。加えて、災害時のレジリエンス（P.128参照）の向上にもつながります。たとえば、分散型電源や蓄電システムを導入することで、災害時の電力確保に役立ちます。実際、欧州諸国では、太陽光発電や風力発電の増加に伴い、スマートグリッドが積極的に導入されています。

また、電力貯蔵技術の発展も欠かせません。一部の先進的な地域では、蓄電池を活用した電力貯蔵システムの開発と導入、再エネを利用した水素製造プロジェクトなど、未来のエネルギーシステムの実現に向けた取り組みが進められています。また地域社会においては、需要に応じたエネルギーの安定供給を実現するため、エネルギーシフトが進んでいます。

電力貯蔵技術
電気を必要なときに利用できるよう、充電や放電をするための技術。蓄電池、キャパシタ、フライホイール、超電導磁気エネルギー貯蔵（SMES）、揚水発電など。

スマートグリッド
ITを活用し、電力制御機能などを搭載した先進的な電力網。家庭やオフィスなどの需要と発電所からの供給を自動的に制御し、電力を効率よく配分できる。

電力貯蔵システム
余剰の電力を蓄え、需要時に利用するシステム。電力需給の安定化や再エネの普及に貢献する。

▶ スマートグリッドのイメージ

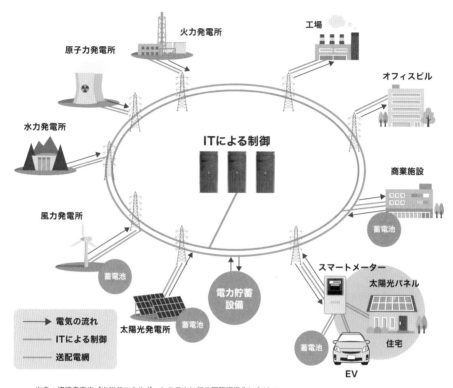

出典：経済産業省「次世代エネルギーシステムに係る国際標準化に向けて」
出所：福島県「再生可能エネルギーとは」を参考に作成

▶ 電力需要曲線と電力貯蔵技術による負荷平準化

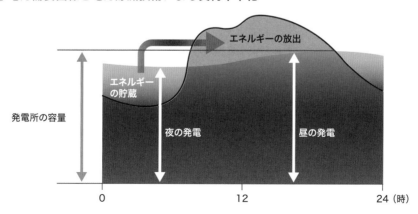

出典：国立研究開発法人 国立環境研究所・環境展望台「電力貯蔵技術」を参考に作成

Chapter9 04

エネルギー利用のデータを解析し需給調整やサービス開発に活用

生活から産業まで、電気やガス、熱などのエネルギー利用のデータは膨大に蓄積されています。データ解析やAIの技術の進歩により、これらのデータを詳細に分析できるようになり、持続可能な社会の構築に活用されています。

データを活用したサービスの提供

エネルギーデータは、電力・ガス業界の発展と効率化の鍵といえます。データを活用するためには、データの収集・蓄積・分析のプロセスが必要ですが、これが自動で行えるようになりました。具体的には、スマートメーター（P.212参照）の導入やIoT技術の応用などにより、エネルギーの利用状況や発電所の稼働状況などのデータをリアルタイムで収集・蓄積できます。収集・蓄積したデータを分析することで、電力需給の予測などが可能になり、バランスのとれたエネルギー供給や、需要家の生活に合わせたサービス開発などが効率よく行えるようになっています。

データ解析により社会課題の解決に寄与

スマートメーターは全国で約8,000万世帯に設置されており、膨大なビッグデータが形成されています。このビッグデータは、クラウドコンピューティングやビッグデータ解析、AIといった技術で活用が促進され、電力データは一般企業や大学なども有償で利用できるようになりました。

電力データは、省エネの診断や電力需給の調整などに活用されるだけではなく（P.212参照）、社会課題の解決にも役立ちます。たとえば、高齢者の電力消費の変化をリアルタイムで検知することで、高齢者見守りサービスを展開できます。また電力消費の解析により、宅配会社が受取人の在宅状況を予測し、配送を効率化する手法も導入されています。さらに、自治体が災害発生時に避難が遅れている家庭を特定するシステムなども実現可能です。電力データは、こうした高齢社会や脱炭素社会においても重要な資源として使われることが期待されています。

エネルギーデータ
スマートメーターを通じて収集・蓄積される電気・ガス消費量のデータ。太陽光発電による発電量データ、蓄電池や電気自動車（EV）の蓄電データなども含む。

クラウドコンピューティング
インターネットなどネットワークを介してアプリ利用やデータ保存などのサービスが提供される形態。ユーザーはサーバなどを用意しなくてもアプリ利用やデータ保存などが行える。

ビッグデータ解析
膨大で多様なデータから有意義な情報や知見を引き出す技術。高度なアルゴリズムや技術を用いた分析で、法則性や関連性を発見し、ビジネスの意思決定や価値創出に活用する。

▶ エネルギーデータ収集・蓄積・分析のイメージ

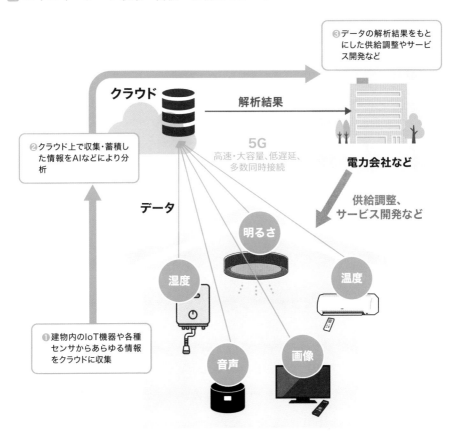

③データの解析結果をもとにした供給調整やサービス開発など

クラウド

解析結果

②クラウド上で収集・蓄積した情報をAIなどにより分析

5G
高速・大容量、低遅延、多数同時接続

電力会社など

データ

供給調整、サービス開発など

明るさ

湿度

温度

①建物内のIoT機器や各種センサからあらゆる情報をクラウドに収集

音声

画像

👉 ONE POINT

個々の電化製品の電力消費量を推定する

分電盤などに特別なセンサを設置することで、家庭やビルなどの電化製品の電力消費量を電力データから推定できます。このような、電力消費を推定する技術は「ディスアグリゲーション」と呼ばれます。ディスアグリゲーションでは、電流を数秒単位で計測し、その波形を電化製品ごとに分けることで、「どの製品が」「いつ」「どれだけ」使われたかを割り出します。この技術により、需要家は電力消費の詳細を知ることができ、無駄な消費を避けて節約できます。また供給側も、需要家の電力消費のパターンを把握することで、電力供給のバランスをとったり、電力関連のサービス開発を行ったりすることができるようになります。

Chapter9 05

家電やEVから多様な機器に応用が広がるワイヤレス給電

ケーブルにつながらず、ワイヤレスで電力を供給する技術が開発されています。モバイル端末はもちろん、電化製品や電気自動車（EV）など多様な機器で充電範囲が広がり、ブレークスルーにつながる技術として注目されています。

ケーブルを使わずにワイヤレスで電力を供給

電磁誘導
磁界の変化により電圧が発生し、電流が流れる現象。送電側のコイルに電流を流すと磁界が発生し、その磁界が受電側のコイルに誘導電圧を発生させ、電流が流れる。

「ワイヤレス給電」は、ケーブルを使わずに電力を供給する技術として注目を集めています。主な原理は「電磁誘導」であり、スマートフォンのワイヤレス充電はこの技術を応用したものです。スマートフォンやタブレット端末などのモバイル端末の普及は、ワイヤレス充電の市場を拡大させる要因となりました。これらの端末には、ワイヤレス充電をサポートする機能が標準搭載され、ワイヤレス充電への需要も拡大しています。特に近年、電化製品やモバイル端末のワイヤレス充電技術が普及し始め、2020年のワイヤレス充電関連の市場規模は約1.5兆円、2027年までには5倍の約7.6兆円に達すると予測されています。

ワイヤレス充電
電磁波を用いたワイヤレス充電は、無線機器や電子機器への干渉、人体への影響などが考えられ、電波法による規制と同時に、電波放射に対するガイドラインが示されている。

家電製品やEVなどもケーブルなしで充電可能

ワイヤレス給電の魅力は、その利便性と柔軟性です。この技術は今後、EVの充電や家庭内のエネルギーシステムなどに導入されていく見込みです。たとえば、駐車場に停車するだけでEVを充電できたり、電化製品が自動的に充電されるスマートホームが実現したりするなど、さまざまな用途が考えられます。

またイスラエルの企業では、オフィスや商業施設でもワイヤレスで電力を供給する設備の開発を進めています。電力の送電装置と受電装置をオフィスに設置し、その範囲に電力を送ることで端末が充電できるしくみです。これが実現すれば、現在のWi-Fiに近い形式で利用できるようになります。またワイヤレス給電が普及すると、それを前提とした新たな電化製品やウェアラブル端末なども誕生する可能性があり、電力・ガス業界のブレークスルーになる技術のひとつといえます。

ウェアラブル端末
手首や首、頭、衣服などに装着して常時または頻繁に使う電子機器のこと。

▶ 電磁誘導によるワイヤレス充電のしくみ

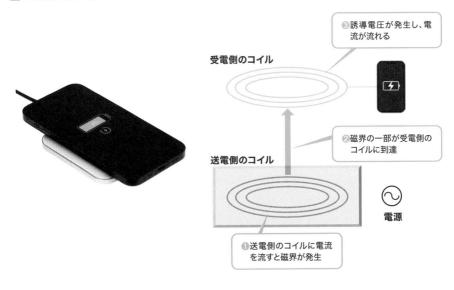

受電側のコイル

❸誘導電圧が発生し、電流が流れる

❷磁界の一部が受電側のコイルに到達

送電側のコイル

電源

❶送電側のコイルに電流を流すと磁界が発生

▶ ワイヤレス給電の発展の可能性

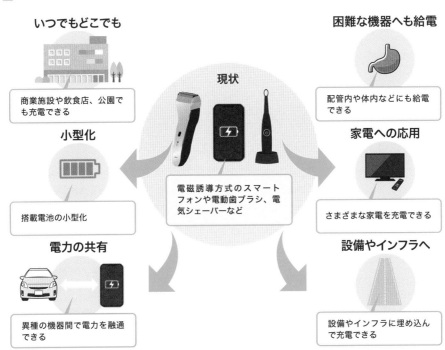

いつでもどこでも

商業施設や飲食店、公園でも充電できる

小型化

搭載電池の小型化

電力の共有

異種の機器間で電力を融通できる

現状

電磁誘導方式のスマートフォンや電動歯ブラシ、電気シェーバーなど

困難な機器へも給電

配管内や体内などにも給電できる

家電への応用

さまざまな家電を充電できる

設備やインフラへ

設備やインフラに埋め込んで充電できる

出典：総務省「諮問第3号『国際無線障害特別委員会（CISPR）の諸規格について』のうち、『ワイヤレス電力伝送システムの技術的条件』の検討開始について」（平成25年6月5日）をもとに作成

Chapter9 06

EVでのエネルギー利用の変革で業界が融合して新たな産業構造へ

エネルギーとモビリティの融合は、再生可能エネルギー（再エネ）の導入と電気自動車（EV）の普及によって加速しています。この融合によりエネルギーの効率利用と環境保全が可能になり、ビジネスチャンスも生まれます。

蓄電池として電力網の安定化に寄与するEV

再エネ導入とEV普及が進む現在、エネルギーとモビリティの融合も注目されています。特にEVは「動く蓄電池」の役割を果たし、エネルギー供給に革新をもたらしています。

2022年、世界のEV販売台数は1,000万台を超えました。EVは再エネとの親和性が高く、たとえば家庭の太陽光パネルで発電した電気をEVで使うことも可能です。太陽光発電は、天候や時間帯によって発電量が変動し、余剰電力が発生することがあります。この余剰電力をEVの充電に使うことで、エネルギーの自給自足が実現します。またV2G（Vehicle to Grid）技術を用いることで、EVから電力網への逆供給も可能となり、電力網の安定化に貢献します。その結果、再エネのさらなる普及につながります。

業界融合による産業構造の変革と成長

他産業からEV産業への参入も進んでいます。たとえばソニーグループは2020年にコンセプトカー「VISION-S」を、2023年に本田技研工業と共同で新ブランド「AFEELA」を発表しました。

電力・ガス業界はEVを通じて自動車業界と、IoTやビッグデータ、AIを通じて通信業界と、それぞれ融合が進んでいます。3つの業界の結び付きがより深まることで、全体の規模はさらに大きくなっていくことでしょう。たとえば、EVの普及により、EV向けのエネルギーサービスの市場が拡大することが予想されます。また、IoTやビッグデータ、AIなどの技術の進歩により、エネルギーデータプラットフォームの市場が拡大することも想定されます。さらに、新たな産業の創出や産業構造の変革、市場規模の拡大など、さまざまな影響をもたらしていくことでしょう。

モビリティ
人や物などを移動させる手段やシステムのこと。自動車や鉄道、航空機などの交通手段のほか、シェアリングやMaaSなどの新しいサービスも含まれる。

V2G（Vehicle to Grid）
EV（Vehicle）を蓄電池として活用し、電力網（Grid）に接続して電力を双方向に供給する技術。通常、EVは電力網から電力が供給されるが、V2Gではこの流れが双方向となる。

コンセプトカー
自動車メーカーが未来の技術やデザイン、機能などの方向性を示すために作成する試作車。

エネルギーデータプラットフォーム
電力、ガス、熱、再エネ、蓄電池などのエネルギーデータを収集・蓄積・分析するためのシステム。

▶ V2Gシステムのイメージ

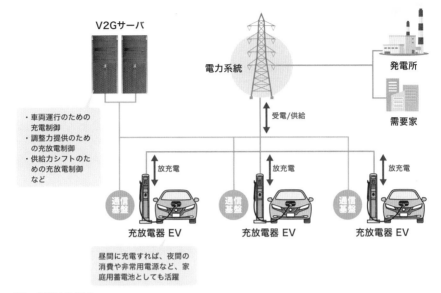

出典：中部電力株式会社
出所：一般社団法人 エネルギー情報センター 新電力ネット運営事務局「国内初、電動自動車の蓄電池を活用した V2G アグリゲーター実証が開始」を参考に作成

▶ ソニーグループのコンセプトカー「VISION-S」

「次世代の移動のカタチを追求する」をコンセプトに開発されたソニーグループ初のEV「VISION-S」

画像提供：Wikimedia / Joseph Zadeh

Chapter9
07

身の回りの光や熱などを集めて電力として利用する技術

エネルギーハーベスティング（環境発電）は、使われていないエネルギーを効率的に集め、再利用する技術です。この技術は生活や産業に広がっており、エネルギー効率を向上させ、持続可能な社会を実現する鍵となっています。

身の回りのエネルギーを集めて電力に変換

エネルギーハーベスティング
光や風、振動、熱などのエネルギーごとに、太陽光パネルや微風発電機、振動子、差動熱発電素子など、さまざまなデバイスを使って収集される。

エネルギーハーベスティングは、自然環境や身の回りにある微小なエネルギーを集め、電力に変換する技術です。使われていないエネルギーを有効に活用でき、環境負荷も低いことで注目されています。具体的には、太陽光や照明光などの光エネルギー、機械の振動や走行による運動エネルギー、温度差による熱エネルギーなどを採取します。

微小なエネルギー
身の回りにある太陽光、振動、熱、電波などのエネルギー。これらは量が非常に少ないため、効率的に採取し、電力に変換する必要がある。

エネルギーハーベスティングは、IoT機器などの電源としての活用が期待されています。エネルギーハーベスティングの技術を使うことで、たとえばセンサやカメラなどは、電池交換の必要がなく、長期間、安定して稼働できます。

機械の振動や道路上でも発電が可能

エネルギーハーベスティング技術は、産業界にさまざまな形態で導入され、その影響力を強めています。たとえば製造業では、機械の振動のエネルギーを集め、そのエネルギーで発電してほかの機械を動かすことで、コスト削減が期待されています。運輸業では、自動車や電車の動作からエネルギーを集め、信号機や照明などの電源として活用されています。

ソーラーカーポート
駐車場の屋根の上に太陽光パネルを設置して発電するシステム。車を日差しから守りつつ、発電も行い、エネルギー効率を高める。

またエネルギーハーベスティングのひとつといえる太陽光発電では、太陽光パネルの設置場所が広がっています。たとえば米ミズーリ州やフランスなどでは、駐車場や道路の路面上に太陽光パネルを敷設するプロジェクトがあります。日本では、コンビニエンスストアのセブン-イレブンが駐車場での太陽光発電を進めています。このように、エネルギーハーベスティングは多くの産業で取り入れられ、持続可能な社会づくりに貢献しています。

▶ エネルギーハーベスティングの主なエネルギー源

出典：国立大学法人 東海国立大学機構 岐阜大学「電子機器の消費電力を 90％削減する集積回路を開発。」をもとに作成

▶ 太陽光パネルの設置場所の拡大

駐車場の屋根上や道路の路面上など、空いてる空間などを利用して太陽光パネルを設置する事例が増えている

画像提供：iStock / PonyWang

Chapter9
08

高効率で安全な原子炉の開発で
安定供給が期待される原子力発電

次世代原子力発電は、環境負荷を最小限に抑えつつ、高効率なエネルギー供給を実現します。新しい技術や材料を使って安全性と持続可能性を追求し、今後のエネルギー供給に欠かせない役割を果たすことが期待されています。

高効率で安全な原子炉を使った発電

次世代原子力発電は、従来の原子力発電の問題点を解消しつつ、より効率的かつ安全な次世代原子炉を使って発電する方式です。次世代原子炉を使うことで、廃棄物の量を減らし、メルトダウンのリスクを低減します。

次世代原子炉には、小型モジュール炉（SMR）や革新軽水炉（iBR）、高速炉（FR）、高温ガス炉（HTGR）などの種類があり、いずれも従来の原子力発電とは異なる特徴をもつ第4世代原子炉です。SMRは出力が小さく、iBRは安全性と経済性に優れ、FRは核燃料サイクルが効率化され、HTGRは高温の熱を利用できるなどの特徴があります。特にSMRは、小型で低出力の原子炉で、建設コストが低く、送電網が発達していない地域への電力供給に適しています。SMRの市場規模は2030年までに70億ドルに達すると予測されています。

日本でも次世代原子炉の開発が進む

次世代原子力発電を運用すれば、CO_2排出量を大幅に削減できます。クリーンエネルギーとしてのポテンシャルが高く、電力の安定供給も可能なため、産業界でも次世代原子力発電への期待が高まっています。

次世代原子力発電の研究は日本でも進められており、経済産業省は2022年末、次世代原子炉の開発・建設に対する行動計画を示しました。これを受け、日本原子力研究開発機構（JAEA）は、SMRやiBRなどの次世代原子炉の開発を進めています。日本では、2030年代後半から40年代にかけて、次世代原子力発電所の商用運転開始を目指しています。

廃棄物
放射性レベルの低いコンクリートや金属、レベルの高い制御棒や炉内構造物など、放射性物質が含まれる。厳重に管理したうえで長期間、安全に貯蔵し、処分する必要がある。

メルトダウン
原子炉の核燃料が過熱して溶融し、原子炉の圧力容器の底にたまる炉心溶融。放射性物質の漏えいのリスクがある。

革新軽水炉
普及している軽水炉を改良し、自然災害への適応性の向上やメルトダウン時に放射性物質を閉じ込める機能など、安全性が強化された原子炉。

高速炉
炉内の冷却にナトリウムを用い、事故などの際の自然停止、炉心冷却、燃料の閉じ込めといった機能をもつ原子炉。従来より廃棄物の量も少ない。

従来型の原子炉と小型モジュール炉（SMR）の違い

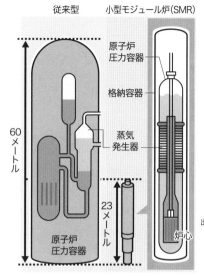

従来型　　小型モジュール炉(SMR)

- 原子炉圧力容器
- 格納容器
- 蒸気発生器
- 炉心
- 60メートル
- 23メートル
- 原子炉圧力容器

出典：一般社団法人 環境金融研究機構「経産省、新小型原発の開発へ 温暖化対策を名目に。プルトニウム処理も目指す。通常の原発開発も継続。国際的な原発普及パートナーシップ会議『NICE』で表明（各紙）」をもとに作成

次世代原子炉による市場獲得戦略

	2020年	2030年	2040年	2050年
革新軽水炉	要素技術の研究開発	商用炉の建設※		
	商用炉実装に向けた国内サプライチェーンの維持・強化			
	競争力の高いサプライヤの海外進出 海外進出が可能なサプライヤの拡大	海外市場における新設・リプレース需要を継続的に取り込み		
小型モジュール炉	要素技術の研究開発など	実証炉の建設※		
	海外初号機案件での機器などの受注	米国・カナダによる第三国展開と連携してアジア・東欧などの市場を獲得		
高速炉	要素技術の研究開発		実証炉の建設※	
	海外市場獲得などを通じてナトリウム関連機器などの高速炉固有のSCの維持			
	もんじゅなどの経験を生かして海外初号機案件での機器などの受注	海外標準の獲得、米国による第三国展開と連携してさらなる市場の獲得		
高温ガス炉	要素技術の研究開発	実証炉の建設※		
	海外市場獲得などを通じて炉心などの高温ガス炉固有のSCの維持・構築			
	HTTRなどの経験を生かして海外初号機案件での機器などの受注	海外標準の獲得、第三国展開を通じてさらなる市場の獲得		

国内市場　　海外市場

※実際に建設を行う場合の運転開始時期などは、立地地域の理解確保を前提に、事業者の策定する計画に基づいて決定されることとなる
出典：資源エネルギー庁「カーボンニュートラルやエネルギー安全保障の実現に向けた革新炉開発の技術ロードマップ（骨子案）」をもとに作成

Chapter9 09

CO_2を発生せず廃棄物も少ない核融合による発電

核融合は、高温で軽い原子の原子核を融合し、大量のエネルギーを生成する技術です。CO_2の排出がなく、放射性廃棄物の発生も少ないため、将来の持続可能なエネルギー供給において、大きな期待が寄せられています。

原子核を融合させてエネルギーを得る核融合

核融合
核融合による発電は将来のエネルギー源として期待されており、実用化に向けた研究開発が行われている。

核分裂
重い原子の原子核が2つ以上の軽い原子核に分裂する現象。原子力発電の基本原理であり、エネルギーが大量に発生する。

核融合は、太陽がエネルギーを生み出すメカニズムと同じ原理を使ってエネルギーを生成する方式です。高温の環境で軽い原子の原子核を衝突させて融合することで、少量の燃料から大量のエネルギーを生成することが可能です。核分裂とは異なり、放射性廃棄物の発生が極めて少なく、CO_2も排出されません。

核融合の国際的なプロジェクトには、核融合炉の実用化に向けた研究開発を行うITER（国際熱核融合実験炉）プロジェクトがあります。ITERは7つの国と地域（日本、欧州、米国、ロシア、韓国、中国、インド）が共同で運営するプロジェクトです。

反応の維持や高額なコストといった課題

核融合の技術は、産業界でも非常に高い関心をもたれており、多くの国と地域が核融合の研究に力を入れています。特に、エネルギー需要の増大が予測される将来において、持続可能なエネルギー源として注目されています。しかし現状は、安定した反応を長時間維持することが課題です。この課題を克服するために、高温の環境を維持するための研究が進行中です。そのほか、新型の核融合炉や冷却システムなども研究されています。

核融合炉
核融合反応が行われる原子炉の一種。高温のプラズマを閉じ込め、安定化させる機能がある。

核融合炉関連企業
核融合炉の開発・製造・運営に関連する企業。

また、研究コストが高額になるというハードルもあり、日本、欧州、米国で行われている研究には、数十億ドルの資金が投入されています。この研究が成功すれば、石炭、石油、天然ガスといった再生できないエネルギー源に代わる、エネルギーの新しい供給手段となる可能性があります。その理由から、ベンチャーキャピタルなどから核融合炉関連企業への投資も加速しています。

▶ 重水素と三重水素の原子核による核融合

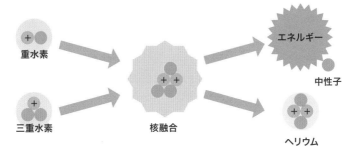

出典：青森県 ITER 計画推進会議「核融合のしくみ」をもとに作成

▶ 少量の燃料で大量のエネルギーを生成可能

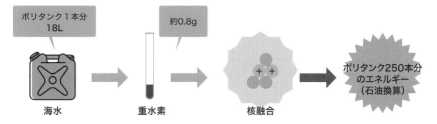

出典：青森県 ITER 計画推進会議「核融合のしくみ」をもとに作成

▶ 核融合反応を起こす主な3つの方式

主な方式	概要	主な実験炉
トカマク方式 （磁場閉じ込め）	・コイルがつくる磁場と、プラズマ電流が発生させる磁場を重ね合わせ、ドーナツ状のねじれた磁場のかごを形成 ・閉じ込め性能が高く、核融合反応に必要な条件のプラズマ生成に成功 ・日本はJT-60でイオン温度5.2億度を達成するなど世界トップレベル	熱核融合実験炉ITER（ITER機構）大型トカマク装置JT-60〈（国研）量子科学技術研究開発機構〉
ヘリカル方式 （磁場閉じ込め）	・ドーナツ状のねじれた磁場のかごを形成するため、ねじれたコイルを使い、プラズマ電流を必要としない ・プラズマの安定性に優れ、長時間運転に優位性があり、LHDによる定常運転（約1時間）は世界記録 ・プラズマはコイルに沿ってらせん状になり、粒子が飛び出しやすく、閉じ込め性能に課題	大型ヘリカル装置LHD〈（共）核融合科学研究所〉
レーザー方式 （慣性閉じ込め）	・燃料ペレットをレーザーで瞬時に加熱・蒸発させ、内部の燃料に爆発的な圧力をかける爆縮という現象を発生 ・閉じ込め時間は燃料プラズマが慣性によりその場にとどまるほんの一瞬であり、その間に核融合反応を起こす必要 ・レーザーの効率向上や大量のペレットに順次レーザーを精密に照射し続けることなどが課題	激光XII号・LFEX〈大阪大学〉

出典：文部科学省「核融合研究」をもとに作成

Chapter9 10

宇宙空間に太陽光パネルを設置し地上に電気を伝送する発電

宇宙太陽光発電とは、宇宙空間で太陽光発電を行う方法です。宇宙空間なら気象条件などに左右されず、安定した発電ができます。この方法は、今後の持続可能な社会を形成するうえで非常に大きな可能性を秘めています。

天候などに左右されない発電が可能

宇宙太陽光発電は、宇宙空間に設置した太陽光パネルで発電し、その電気を地上に伝送して利用する革新的な方式です。地上では天候や時間帯などにより、発電量が変動するのに対し、宇宙空間では天候などに左右されず、安定したエネルギーが得られるというメリットがあります。そのほか、CO_2排出量が少ない、化石燃料の価格高騰の影響が小さい、需要地へ無線で柔軟に送電できる、地上送電網への依存度が低い、地震など地上の自然災害の影響を受けにくい、といったメリットも挙げられます。宇宙太陽光発電は、米国のNASA（米国航空宇宙局）や日本のJAXA（宇宙航空研究開発機構）など、世界各国の宇宙機関が研究を進めています。

宇宙空間ゆえの伝送技術やコストなどの課題

宇宙太陽光発電の実現には、発電した電気を効率よく地上に伝送する方法の確立が不可欠です。宇宙空間の宇宙太陽光発電システム（SSPS）は、地上から約36,000km上空の静止軌道上にあり、この距離を電線でつなぐのは困難なため、マイクロ波やレーザー光を用いた伝送が検討されています。マイクロ波を用いた伝送では、地上に受電アンテナを設置し、宇宙空間の送電アンテナから送信されたマイクロ波を受信します。レーザー光を用いた伝送では、地上に受光部を設置し、レーザー光を受光します。

また、宇宙空間に発電設備を設置するための輸送技術や建築技術、運用・維持技術なども必要とされます。さらに、安全面ではマイクロ波やレーザー光の健康への影響、経済面では輸送や建設、運用・維持に関連するコストの課題があります。これらを克服することで、宇宙太陽光発電の実現性が高まるのです。

JAXA
日本の宇宙航空研究開発機構。日本政府の宇宙開発・利用を技術で支える中核的実施機関と位置付けられ、宇宙探査、人工衛星開発、国際協力プロジェクトなど、基礎研究から開発・利用に至るまで一貫して行っている。

マイクロ波
周波数300MHz〜300GHzの範囲にある電磁波の一種。中継通信、衛星通信、衛星放送、レーダーなど、多様な用途で利用されている。

▶ 宇宙太陽光発電システム（SSPS）のイメージ

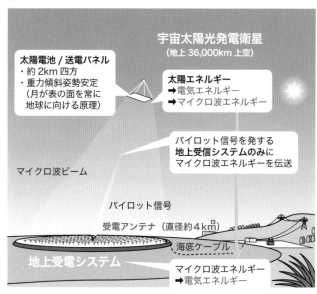

出典：経済産業省 製造産業局 宇宙産業室、一般財団法人 宇宙システム開発利用推進機構「宇宙太陽光発電における無線送受電技術の高効率化に向けた研究開発事業委託費の概要（中間評価）」（2022年1月14日）をもとに作成

▶ 主な太陽エネルギーの利用の流れ

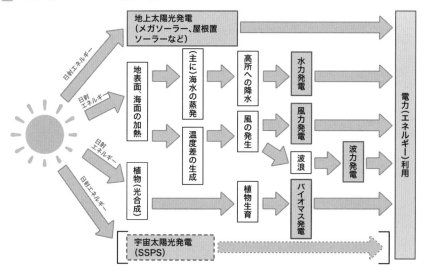

出典：国立研究開発法人 宇宙航空研究開発機構（JAXA）研究開発部門「宇宙太陽光発電システム（SSPS）について」をもとに作成

マイクログリッド

遠隔地や災害時などに利点がある
限定された範囲で完結した電力網

マイクログリッド（小規模電力網）は、限定された範囲で発電、貯蔵、供給を行う小規模な電力網です。大規模な電力網に依存せず、地域社会やビジネスでエネルギーを柔軟に使うしくみとして重要性が高まっています。

電気の地産地消を実現する電力網

マイクログリッドとは、特定の地域内や企業内など、限定された範囲で独自に電気を発電して使う小規模な電力網のことです。この電力網があれば、太陽光や風力、バイオマスなどの再生可能エネルギー（再エネ）を使って地域内などで分散して発電された電気を統合・管理し、地産地消で使うことが可能です。

マイクログリッドは主に、エネルギーの地産地消を実現できる、災害時の停電対策などに有効、再エネ導入拡大に貢献できる、といったメリットがあります。加えて、マイクログリッドの導入には、地域の企業や住民が参画するケースが多くあります。これにより、地域経済の活性化につながる可能性があります。

地産地消
地域内で生産された資源などを、その地域で消費する取り組み。環境負荷の低減や地域経済の活性化などにつながりやすい。

エネルギー問題の解消にもつながる

マイクログリッドは、一般的な規模の大きい電力網に比べ、運用が柔軟にでき、耐障害性が高いといえます。特に遠隔地や災害時などに、独立した電力供給源として使うことができます。

実際、沖縄県の一部の離島などで太陽光発電設備と蓄電池を組み合わせたマイクログリッドが導入されています。このマイクログリッドでは、昼間に太陽光パネルで発電した電気を蓄電池に貯蔵し、夜間や曇天時などに使うという流れが確立されています。このような例により、マイクログリッドが離島のエネルギー問題への有効な解決策になることが実証されています。海外では特に、学校や病院、商業施設などでのマイクログリッド導入が進んでいます。再エネ価格の低下と電力需要の増加を背景に、マイクログリッドの拡大が期待されています。

▶ 地域マイクログリッドのイメージ

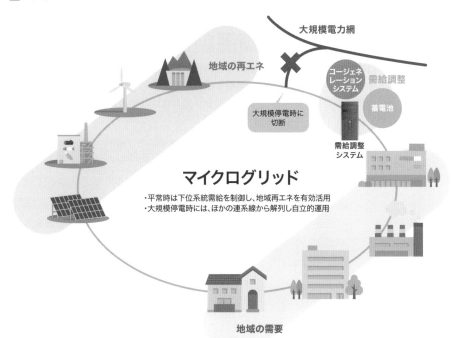

大規模電力網

地域の再エネ

コージェネレーションシステム

需給調整

蓄電池

大規模停電時に切断

需給調整システム

マイクログリッド

・平常時は下位系統需給を制御し、地域再エネを有効活用
・大規模停電時には、ほかの連系線から解列し自立的運用

地域の需要

出典：経済産業省 北海道経済産業局「しえかん広報（資源エネルギー環境広報）令和元年 10 月号」（2019.10.10）をもとに作成

▶ 宮古島に設置されたメガソーラー実証研究設備

太陽光発電と蓄電池による系統安定化対策の実証研究施設。離島の独立系統への太陽光発電の大量導入による影響や蓄電池による系統安定化対策の有効性を検証

画像提供：PIXTA / i-flower

第9章
未来の展望と課題

Chapter9

12

スマートシティ

エネルギーの効率利用などにより課題解決や価値創出を実現

日本では人口減少やインフラの老朽化、都市型災害の増加などの課題を解決するため、スマートシティの取り組みが進められています。政府による地方自治体の支援などにより、新技術を活用した価値創出が期待されています。

新技術により機能を高度化させた都市

情報通信技術 (ICT)
コンピューターやインターネットなどを活用した情報通信に関する技術の総称。

スマートシティとは、情報通信技術（ICT）などを活用し、計画や整備、管理、運営などの機能が高度化された持続可能な都市のことです。具体的には、多数のセンサやカメラ、IoT端末などが都市に設置され、データがリアルタイムで収集、蓄積、分析されます。そして、その分析結果をもとに、機器などの自動制御、インフラや施設などの最適化が実施され、課題解決や価値創出などを実現します。都市の高度化の目的は、CO_2排出の削減、エネルギーの効率利用、生活の質の向上など、多岐にわたります。

スマートシティの例としては、次のような都市があります。

- 中国・深圳市：行政サービスの効率化、店舗の無人サービス化、自動制御の交通監視システムなど、未来型都市として発展。

デジタル人材
AIやIoT、ビッグデータなど、デジタル技術に関する専門的な知識やスキルをもち、課題解決やイノベーションなどを牽引する人材。

- シンガポール：医療や教育の評価が高く、多くの病院でオンライン予約ができ、デジタル人材を育成する環境も整っている。
- フィンランド・ヘルシンキ：都市データをシステム開発に用い、自動運転バスの活用などで生活の質の向上や効率化を実現。

スマートシティの実現には連携が必要

スマートシティを実現するためには、多様なステークホルダーとの連携が不可欠です。政府や企業、市民がパートナーシップを組むことで、課題解決に一体的に取り組むことができ、価値創出につながるようになります。スマートシティはビジネスチャンスとして期待される一方、データプライバシーや高額な初期投資という課題もあります。データプライバシーでは、個人情報の保護と活用のバランスを検討する必要があります。初期投資では、公的資金や民間資金を組み合わせ、負担を軽減することが重要です。

データプライバシー
個人情報を適切に管理・保護すること。不正アクセスや情報漏えい、情報悪用などから個人情報を守るための方策と規制が重要とされる。

▶ スマートシティによるサービス向上と課題解決

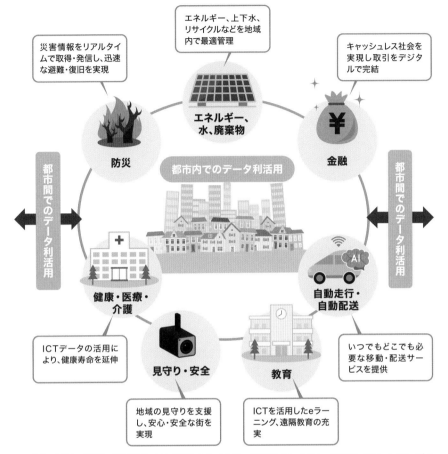

エネルギー、上下水、リサイクルなどを地域内で最適管理

災害情報をリアルタイムで取得・発信し、迅速な避難・復旧を実現

キャッシュレス社会を実現し取引をデジタルで完結

都市間でのデータ利活用

防災

エネルギー、水、廃棄物

都市内でのデータ利活用

金融

都市間でのデータ利活用

健康・医療・介護

見守り・安全

教育

自動走行・自動配送

ICTデータの活用により、健康寿命を延伸

地域の見守りを支援し、安心・安全な街を実現

ICTを活用したeラーニング、遠隔教育の充実

いつでもどこでも必要な移動・配送サービスを提供

出典：内閣府・総務省・経済産業省・国土交通省 スマートシティ官民連携プラットフォーム事務局「スマートシティガイドブック」（2023.08.ver.2.00）をもとに作成

🖋 ONE POINT

スマートシティの効果

スマートシティは、市民に寄り添ったサービスを提供することで、ウェルビーイング（健康で幸福な状態）の向上を図ることが目的とされています。その主な効果としては、「社会」「経済」「環境」に注目し、次の３つが挙げられます。①安全で質の高い市民生活・都市活動の実現、②持続的かつ創造的な都市経営・都市経済の実現、③環境負荷の低い都市・地域の実現。また、スマートシティは、SDGs実現においても有益な効果があるものとして期待されています。

脱炭素社会に向けた クリーンテックの挑戦

クリーンテック後進の日本

　未来のエネルギーは、CO_2を排出しないことが前提となるでしょう。そうした脱炭素社会の実現に向け、スタートアップ（クリーンテック）が新しい技術や事業を開拓し、エネルギー大手がクリーンテックを買収しています。

　日本では、クリーンテックの存在感が薄いのが現実です。世界の有望なクリーンテックは、北米が6割強、欧州が3割強を占め、世界で戦える日本のクリーンテックはほぼありません。日本のクリーンテックの数は欧米の1％未満で、「質」よりまず「量」が課題です。日本のエネルギー大手が世界のクリーンテックに出資し、協業する事例は増えてきましたが、買収までには至っていません。また欧米では、政府系の資金がクリーンテックの成長に生かされていますが、日本政府の脱炭素分野の資金はほぼ大企業に流れ、クリーンテックの成長に反映されていません。

　クリーンテックを成長させるエコシステム（ビジネス生態系）の地域別ランキングでは、第1位がシリコンバレーで、ベストテンに入るのは北米5、欧州4の地域です。日本は上位35に入らず、ランク外です。

日本から世界へのチャレンジ

　そうした現状でも、日本の企業やクリーンテックに明るい兆しがあります。2023年は日本のクリーンテックが世界にチャレンジする元年となりました。特に素材系のスタートアップが欧米のコンテストに出たり、北米の核融合カンファレンスで講演したりする事例が増えています。

　大阪ガスから独立したスタートアップ「SPACECOOL」は、2021年に創業し、2022年に放射冷却素材を商品化、2023年にはCOP28に参加し、グローバル展開を始めました。

　米クリーンテックグループは毎年有望なクリーンテック100社を選定しています。日本企業が出資するクリーンテックの数は年々増え、2023年は29社となっています。

　日本政府もスタートアップの支援を強化しており、日本のクリーンテックにも期待が出てきました。

索引

索引

■著者紹介

江田 健二（えだ けんじ）
富山県砺波市出身。慶應義塾大学経済学部卒業。東京大学EMP修了。アクセンチュアにて、電力会社・大手化学メーカーのプロジェクトなどに参画。その後、RAULを設立。環境・エネルギー分野のビジネス推進や企業の社会貢献活動支援を実施。「環境・エネルギーに関する情報を客観的にわかりやすく広くつたえること」を目的に執筆・講演活動などを実施。

出馬 弘昭（いずま ひろあき）
京都大学工学部卒業。1983年、大阪ガスに入社。オープンイノベーション・データ分析などを主導。2016年よりシリコンバレーで脱炭素に従事。2018年、東京ガスに入社し、シリコンバレーのCVC立ち上げに参画。2021年、東北電力に入社し、アドバイザーに就任。大阪大学フォーサイト取締役なども兼務。米USC客員研究員、京都大学大学院非常勤講師、日本OR学会副会長等を歴任。

柏崎 和久（かしわざき かずひさ）
中央大学理工学部卒業後、関電工に入社。18年間、送配電業務に従事。その後、バイオマス発電ベンチャー、蓄電池ベンチャー、日本電気を経て、2017年にエフビットコミュニケーションズ社長に就任。退任後は、宮古島未来エネルギーの立ち上げに参加するなど、複数企業の経営に携わる。技術士（経営工学）、唎酒師。

■装丁　　　　　井上新八
■本文デザイン　株式会社エディポック
■本文イラスト　関上絵美・晴香／さややん。／
　　　　　　　　イラストAC
■担当　　　　　落合祥太朗
■編集／DTP　　株式会社エディポック

図解即戦力

電力・ガス業界のしくみとビジネスが これ1冊でしっかりわかる教科書

2024年 2月6日　初版　第1刷発行

著　者　　　江田健二／出馬弘昭／柏崎和久
発行者　　　片岡巌
発行所　　　株式会社技術評論社
　　　　　　東京都新宿区市谷左内町21-13
　　　　　　電話　　03-3513-6150　販売促進部
　　　　　　　　　　03-3513-6185　書籍編集部
印刷／製本　株式会社加藤文明社

ISBN978-4-297-13935-3 C1034　　　　　　Printed in Japan